母牛围产期管理与犊牛

疾病防治

师志海 王文佳 兰亚莉◎主编

中国农业出版社

北 京

图书在版编目（CIP）数据

母牛围产期管理与犊牛疾病防治／师志海，王文佳，
兰亚莉主编．—北京：中国农业出版社，2023.11
ISBN 978-7-109-31310-1

Ⅰ.①母… Ⅱ.①师… ②王… ③兰… Ⅲ.①母牛－
围产期－饲养管理②乳牛－牛病－防治 Ⅳ.①S823
②S858.23

中国国家版本馆 CIP 数据核字（2023）第 210344 号

中国农业出版社出版

地址：北京市朝阳区麦子店街 18 号楼
邮编：100125
责任编辑：周晓艳
版式设计：王　晨　　责任校对：吴丽婷
印刷：北京中兴印刷有限公司
版次：2023 年 11 月第 1 版
印次：2023 年 11 月北京第 1 次印刷
发行：新华书店北京发行所
开本：700mm×1000mm　1/16
印张：13
字数：168 千字
定价：58.00 元

编写人员名单

主　编：师志海　王文佳　兰亚莉

副主编：邓廷贤　王红利　梁群超

参　编：（按姓氏笔画排序）

王文奇　王亚州　王欣睿

王登峰　付运星　李慧敏

张军伟　郭　爽

本书有关用药的声明

随着兽医科学研究的发展、临床经验的积累及知识的不断更新，疾病的治疗方法及用药也必须或有必要作相应调整。建议读者在使用每一种药物之前，参阅厂家提供的产品说明书，以确认推荐的药物用量、用药方法、所用药物的时间及禁忌等，并遵守用药安全注意事项。执业兽医有责任根据经验和对患病动物的了解决定用药量及选择最佳治疗方案，养殖者用药应遵医嘱。中国农业出版社和作者对动物疾病治疗中所发生的所有情况不承担任何责任。

近年来，养牛业的集约化、机械化、规模化得到了很好发展，企业的精细化管理程度也越来越高。挖掘养牛生产中每个环节的潜力、减少损失，是企业增加经济效益、获得良性发展的目标。其中，犊牛生产是最有价值的环节。

传统生产中，对母牛的重视和保护做得很到位，但对犊牛的护理、饲养、疫病防治等环节研究较少，尚有挖掘的空间。犊牛是养牛企业的后备主力军，其健康成长关系着牛群整体性能的发挥和企业整体经济效益的提高。养牛热市场的出现，对犊牛的需求激增，如何养好犊牛、如何做好犊牛的疫病防治、如何为市场提供健康的犊牛显得尤为重要。

犊牛一生有两个生理拐点，即出生、断奶。其中，出生关系到母牛和胎牛。犊牛时期又是牛一生中生长发育速度最快、组织器官质和功能快速完善、生理机能发育充满变量的关键阶段，也是对成年牛生产性能发挥影响最大的关键阶段，存在很大的可塑性。生产中，不但要让犊牛生得出，还要将其养得活、养得好，为未来的高效能、高质量生产打下良好基础。

犊牛高效、健康养殖的研究对象不仅是犊牛，还涉及母

1

牛，特别是围产期母牛。安全生产不仅可以保护母牛，也可以保护犊牛安全成长。生产中的很多环节都会影响犊牛的健康生长，无论哪个环节受到疫病和管理不善的干扰，都将成为影响犊牛高效、健康养殖的重要因素。多年来，笔者主持了多个课题，致力于犊牛健康养殖和疫病防治研究，在理论研究、生产实践和疫病诊疗过程中，集中检测研究了能引起犊牛疫病的多种微生物病原，首次在国内发现了2种新的病原，建立了3个快捷而有效的病原检测方法，创建了兽医信息重点实验室，探讨了一系列涉及犊牛疫病的饲养和生产管理问题，对犊牛常患疫病因原施治、因症施治及综合防治，积累了较多经济、实用、有效的治疗方案，为企业减少或挽回了较大的经济损失。

为了对犊牛健康养殖的经验进行总结，笔者组织多年工作在生产一线从事犊牛生产、管理、科研和教学工作的人员编撰了本书，内容包括围产期母牛的健康养殖、疫病防治、母牛生产，以及新生犊牛保健、犊牛健康养殖、犊牛常见疾病等。另外，在写作中笔者又吸收了当前最新科研成果，将理论与实践紧密结合起来，希望能对提升犊牛生产、健康养殖、疫病防治的水平起到积极作用。

　　本书在编写过程中，参阅并引用了以往相关研究人员的研究结果，应用了河南省农业科学院畜牧兽医研究所的部分研究资料，在此向他们致以敬意和表示衷心感谢！

　　由于笔者学识有限，文中表述不足之处，恳请同行和广大读者提出宝贵意见和建议，以便再版时加以修改。反馈信息或更多资讯可发送至邮箱 szhvet@163.com 或致电0371-65714522。

编　者

2023 年 8 月

前言

第一章
母牛围产期管理及分娩管理

第一节　围产期特点

母牛围产期指预产期前 3 周到犊牛出生后 3 周的一段时间，也称过渡期，分娩前后这段重要时期被分为围产前期（产前）、分娩期和围产后期（产后）。围产期是母牛养殖的关键时期，要经过胎儿的迅速发育、分娩及泌乳的快速发动等关键生产过程，机体的营养和内分泌机能的变化及调节十分剧烈，是母牛营养代谢性疾病和繁殖疾病的高发期，对母牛健康、胎牛或犊牛健康、犊牛后期生长发育、犊牛维持生产性能（产奶量、牛奶质量）和企业经济效益都极其重要。

母牛进入围产期后，机体和精神状态要经历多个大幅度的变化，特别是生殖道和骨盆会发生一系列变化，以适应排出胎儿、哺育犊牛及产乳的需要。

母牛围产期的生理特点如下：

一、干物质摄入量减少

从妊娠后期到围产期，胎儿不断生长。受胎儿压迫和自身代谢特点等因素作用，母牛对干物质的摄入量出现了新的特点。影响奶牛干物质摄入的因素主要包括代谢因子、生殖状态、机体能量储备、代谢改变等。

进入围产期，母牛对干物质的摄入量降低 30%～40%，由占体重的 2%降至 1.5%。但机体在这个阶段对营养物质的需求却在增加，既要满足胎儿快速生长的需要，又要为即将开始的泌乳期做准备，一降一增间即可造成母牛机体能量负平衡，奶牛表现得更为明显。能量负平衡的反馈作用使机体动用脂肪以维持必需的生理活动，这时围产期母牛血液中非酯化游离脂肪酸水平几乎提高 2 倍，维生素 A、维生素 E 分别降低约 38%和 47%。能量负平衡不仅是造成围产期疾病的共同病理基础，而且大部分代谢性疾病都与能量和矿物质负平衡有关，比如脂肪肝和酮病与严重的能量负平衡有关、产后瘫痪与亚急性低血钙有关等。

二、内分泌发生很大变化

随着孕期期满临近，机体面临着妊娠期的终结、胎儿的娩出；另外，神经、内分泌系统要经历多个调节变化，以启动分娩和泌乳（图 1-1）。在产前 1～3 天，血液激素变化如下：

1. 催乳素浓度迅速上升 催乳素浓度的升高，进一步促进了乳腺的生长发育，刺激并维持泌乳。

2. 肾上腺皮质激素、前列腺素、雌激素浓度上升 肾上腺皮质激素分泌量在母牛产前 3 天内会增加 3 倍，胎儿肾上腺皮质激素分泌量也增加，以启动母牛分娩。血液中前列腺素浓度增加，在母牛分娩时达到峰值，作用在于溶解黄体，减少孕酮分泌。血液雌激素水平提高，引发骨盆腔韧带和肌肉松弛；另外，雌激素还具有降低母牛食欲的作用，造成母牛采食量降低。

3. 孕激素浓度下降 前列腺素的溶黄体作用，使得母牛在分

图 1-1　围产期母牛的生理变化
　　注："四升一降"指催乳素、肾上腺皮质激素、雌激素、前列腺素浓度上升，而孕激素浓度下降。

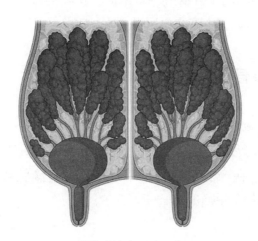

催乳素浓度迅速上升

娩时血液中的孕激素几乎降为零。

　　激素的上述变化及引起机体的适应性变化都是在为母牛分娩和泌乳作预处理。

三、循环系统增量

围产期母牛的循环血量会增加 30%～40%（图 1-1），其中血浆约增加 40%，红细胞约增加 20%，心率增加 10～15 次/分；同时，受到胎儿的挤压，母牛心脏负担加重。

四、呼吸系统耗氧量增加

呼吸次数变化不大，但呼吸加深，耗氧量增加 10%～20%（图 1-1）。

五、泌尿系统再吸收功能减弱

由于母牛和胎牛的代谢产物增加，故母牛肾脏功能改变，排尿量增加（图 1-1），对糖的再吸收功能减弱。

六、乳房有很大变化

母牛乳房膨胀、增大、充血、水肿明显，乳腺腺泡增生（图1-1）。产前 2 天左右，乳头内充满乳汁，乳头表面覆盖一层蜡样物。有的母牛在产前数小时至 1 天，乳汁呈滴状或线状流出，即"漏乳"，也意味着分娩即将启动。

七、骨盆韧带、软产道的变化

分娩前 1 周，母牛阴唇逐渐柔软、肿胀，皮肤皱襞展平。分娩前 1～2 天，原先封闭子宫颈的黏液栓软化，流入阴道，再流出阴门，呈透明的线状，接近分娩时变得稀薄。阴道黏膜潮红，阴道壁松软，阴道变短。

骨盆的荐结节阔韧带从产前1～2周逐渐软化，至产前12～36小时，外形消失，变得非常柔软，荐骨两旁组织塌陷，尾根两侧都呈现柔软组织。

八、精神状态

产前1～2天，有些母牛出现精神抑郁或不安现象，特别是头胎母牛。

第二节　围产前期管理

围产期管理分为围产前期管理和围产后期管理。围产前期胎牛各种器官已形成，且快速生长发育，母牛进入分娩前的准备阶段。

一、集中饲养

牛场要设立围产期牛舍，专职管理人员或者兽医要根据企业管理软件提示，将进入围产期的母牛集中在围产期牛舍中。驱赶围产期母牛时动作要轻柔，不能造成其情绪紧张，更不能对其大声呵斥。围产期牛舍要求安静、舒适、干燥、干净、平整，并定期清洁和消毒。夏季防暑降温，冬季保温通风，阳光充足，保持舍内温度相对稳定，减少氨气浓度，尽量减少不良刺激等应激因素，保持母牛的抵抗力。另外，围产期牛舍还要做到定期更换、按时清空、预留空栏时间，以达到彻底杀灭有害病原微生物的目的。

二、评价母牛体况

评价母牛体况是衡量母牛机体组织储存状况和监控母牛能量平衡的一种办法。这个工作应该从干奶期开始实施。以牛舍为单位，参于体况评分的母牛数量不低于整个牛舍存栏量的10%，每个牧场或相同生理状态参与体况评分的母牛数量不低于存栏量的10%。每次体况评分都要详细记录日期、牛群、参与评分牛的编号等，并填写"体况评分登记表"（表1-1）。

表1-1 体况评分登记表

畜主姓名（场、站名）：_____ 评分员：_____

日期：___年__月__日

牛编号	品种	牛龄	身体虚弱	肌肉萎缩	脊柱轮廓可见	肋骨轮廓可见	臀尖轮廓可见	胸腰脂肪囤积	乳房和尾根脂肪囤积	体况评分	备注

体况评分（body condition scoring，BCS）是一种国际公认的采取主观视觉和触觉测量牛身体体况的方法，用于监测牛在生产周

期内的营养和健康状况，与繁殖性能和生产性能密切相关。在生产中，不能仅仅使用体重作为评估牛群营养状况的指标。研究表明，体况评分是比体重更可靠的营养状况指标。年龄、体型、肌肉量、肠道充盈、妊娠，以及饲料质量、可利用价值等都会影响牛的体重。因此，仅使用体重作为评估指标可能会高估或低估身体脂肪含量。

1. 肉牛体况评分　指使用一套数字打分系统来评估肉牛的身体能量储备，以估计脂肪和肌肉形式进行能量储备的数值，采用9分制的方法描述，是评价肉牛营养状况的有效管理工具，也是肉牛营养状况的优秀指标。

肉牛机体能量储备与牛群生产潜力、生殖效率（母牛繁殖期的身体状况和产奶量、发情率、发情周期、受胎率、产犊间隔、犊牛出生时的活力等）存在非常强的关联性，尤其是配种期和围产期的体况评分。

BCS<4分的牛非常瘦，不仅不能正常受孕，繁殖效率也低，发情周期约延长4天，产犊间隔延长，所产犊牛活力下降且更容易出现健康问题，不能进入连续生产循环。BCS为1分的牛更是处于危及生命的状况。过度营养的牛（BCS为8~9分）饲养成本最高，行动迟缓，可能会因骨盆区域脂肪含量过多而不易受孕，容易遭遇难产（产犊困难），也不能进入连续生产循环。

受孕率降低是导致犊牛净头数减少的最重要因素，直接影响母牛-犊牛饲养的收支平衡点。研究显示，在顺产率（90%）、犊牛断奶体重相同的情况下，成年后BCS为4分的母牛产出犊牛的饲养盈亏平衡点成本比BCS为7分的母牛高约1.8倍。原因在于BCS为4分的母牛发情周期长、受孕率低、繁殖成功率低，以及犊牛活力低、患病率高，饲养母牛的饲料、时间、人力成本增加，单位时间投资回报率低，影响企业效益。

母牛的身体状况影响产犊后第一次发情的时间和产犊间隔。肉牛只有在犊牛出生后 82 天内受孕，才能保证 12 个月的产犊间隔。产后 80 天内的发情率是影响产犊间隔的一个重要因素。BCS<3 分时约有 45% 的肉牛在产犊后 60 天出现发情迹象，BCS＝4 分的肉牛约有 60% 在产犊后 60 天出现发情迹象，BCS>5 分的肉牛约有 90% 在产犊后 60 天出现发情迹象。

由于饲养成本约占母牛-犊牛系统运营成本的 60%，因此可以使用不同的饲养方案来实现母牛最佳的繁殖性能，以达到节约成本的目的。在母牛的生产周期中，体重和身体状况的变化是正常的。保持 BCS 在中等范围（5～6 分）可以使肉牛达到最大的繁殖性能，同时饲料补充成本保持在最低。在大多数情况下，如果牛群中只有一半的母牛需要提升到较高的营养水平，针对全群进行高营养水平的饲喂在经济学上来说是不合适的。因此，基于 BCS 标准将母牛分群是很好的管理策略。体况评分应该在母牛断奶时或断奶后不久进行，以便在产犊前提供 2～5 个月的时间调整体况。选择一个最适合饲料成本的产犊季节也是最优化母牛繁殖条件的重要一步。

肉牛体况评分可以通过眼观和关键骨骼结构的触诊结合进行，可以直接在野外进行身体状况评估，一般不需要将牛圈拢起来。评估的关键区域有背部、肋骨、髋部、臀尖、尾根部和胸部，触摸背部、肋骨和尾根部的脂肪数量可以校正视觉误差。每个 BCS 数值都有对应的体脂数值，BCS 为 1～9 的母牛含体脂分别约为 3.8%、7.5%、11.3%、15.1%、18.9%、22.6%、26.4%、30.2%、33.9%。一个 BCS 分值中，1 分相当于 34～36 千克牛的活体重。1 分为非常瘦，9 分为非常胖。每头肉牛的理想体重都可能不同，但所有肉牛的理想身体状况指标都是一样的，即 BCS 为 5～6 分。

肉牛的背部（腰椎）、尾根部、臀尖、髋部、肋骨和胸部等部位如图 1-2 所示。

BCS 为 1～4 分的牛其棱角分明，瘦骨嶙峋，腰椎、肋骨、髋

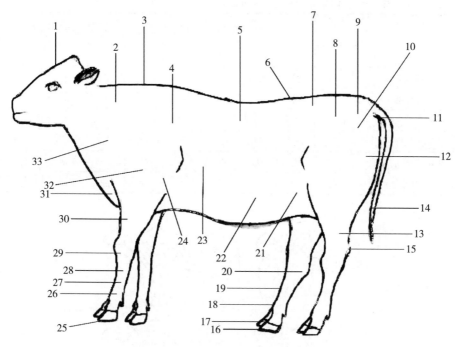

图 1-2　可用于确定肉牛 BCS 的部位

1. 头　2. 颈　3. 鬐甲　4. 肩　5. 背　6. 腰　7. 腰角　8. 髋结节　9. 尻　10. 大转子

11. 臀端　12. 股（大腿）　13. 胫（小腿）　14. 尾　15. 飞端　16. 蹄　17. 系（后肢）

18. 球节（后肢）　19. 跖（管）　20. 飞节　21. 膝部　22. 腹　23. 胸　24. 肘端　25. 蹄

26. 系（前肢）　27. 球节（前肢）　28. 掌（管）　29. 腕　30. 小臂　31. 肉垂

32. 大臂　33. 肩端

部和臀尖的脂肪极少，在尾根和胸部不存在肉眼可见的脂肪。

　　BCS 为 5 分的牛尽管在髋部和臀尖有一些脂肪，但臀部仍可见，腰椎不再可见。

　　BCS 为 6 分或 7 分的牛圆润，肋骨不可见，尾部和胸部周围也有脂肪。

　　BCS 为 8～9 分的牛较肥胖，整体呈现一种光滑、圆柱体的状态，从视觉或者触觉上都无法感知其骨骼结构，在肋骨和髋部周围有大量脂肪沉积。表 1-2 和图 1-3 均列出了每个 BCS 分值对应的视觉指标。

表 1-2　肉牛体况评分（9 分制，Modified from Pruitt，1994）

体况评分	1	2	3	4	5	6	7	8	9
身体虚弱	是	否	否	否	否	否	否	否	否
肌肉萎缩	是	是	轻微	否	否	否	否	否	否
脊柱轮廓可见	是	是	是	轻微	否	否	否	否	否
肋骨轮廓可见	都可见	都可见	都可见	3~5 根	1~2 根	不可见	不可见	不可见	不可见
臀尖轮廓可见	可见	可见	可见	可见	可见	可见	轻微	不可见	不可见
胸腰脂肪囤积	无	无	无	无	无	少量	丰满	丰满	肥厚
乳房和尾根脂肪囤积	无	无	无	无	无	无	轻微	丰满	肥厚

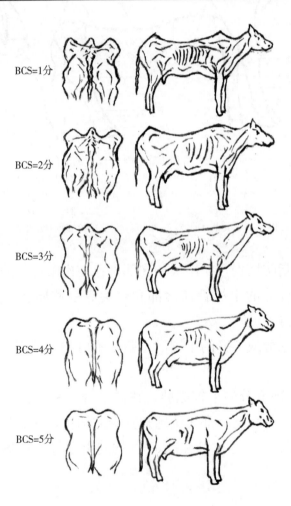

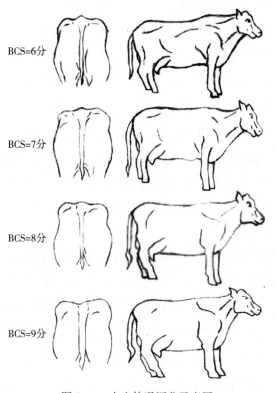

BCS=6分

BCS=7分

BCS=8分

BCS=9分

图 1-3 肉牛体况评分示意图

过长的牛毛会影响肉牛或小母牛体况的正确评估。当牛的毛发较长时，触摸脂肪沉积的特定区域就变得尤为重要，应该在牛的背部、肋骨和腰椎横突边缘的水平线（腰部边缘）上触诊，瘦的母牛会比身体状况中等或肥胖的母牛有更突出的骨感。需要注意的是，不同肉牛品种对脂肪沉积部位有很大的影响。例如，欧洲牛的肋骨脂肪分布更加均匀，而印度牛的肋骨脂肪可能很少。

在持续生产循环中，大多数肉牛的全年体况得分应该为 3～7分，母牛在产犊前应该处于最佳的身体状况，即 BCS 为 5～6 分。产犊或者进入配种期后，BCS 得分可能会降低。随着断奶期的临近和配种，合理配制饲料，能增加营养和体重，同时提升 BCS，且在妊娠晚期增加胎儿体重和体脂。

体况评分应该每年进行 3 次，即断奶时、产犊前 60～90 天及产犊时。断奶时进行母牛体况评分，可以对犊牛进行归类，以便进行分群饲养。根据饲养需求将犊牛分组喂养，可以帮助该群犊牛在成年产犊时体况评分达到最理想的区间值（BCS 为 5～6 分）。在产犊前 60～90 天进行母牛体况评分，可以评估妊娠期营养计划，同时在产犊前留出足够的时间进行"紧急处理"，即需要给"瘦"牛（BCS≤4 分）增加采食量，提高体重，恢复体况标准；给"胖"牛（BCS≥7 分）逐渐减少采食量。如果产犊时的环境条件温和，分娩时 BCS 达到 5～6 分即可。当天气寒冷或高质量饲料提供有限时，可适当调低要求。

2. 奶牛体况评分 奶牛体况评分也需要进行视觉和触觉评估。一般采用 5 分制（图 1-4），级差为 0.25 分，体况评分的关键部位包括腰椎横突、髋结节、髋关节、坐骨结节、荐骨韧带、尾根韧带。1 分表示非常瘦，5 分表示过肥。两个分数都是极端的数值，在实际牛群管理中，应予以避免。3 分是大多奶牛群最理想的分数。奶牛的生长形态存在不一致性，即使处在相同月龄、胎次和泌乳天数，其体况也存在差异。

对奶牛体况评分具体分值的概念描述如下：

（1）具体评分

①1 分。

• 两侧肋骨上没有任何脂肪沉淀，皮下覆盖着薄薄的肌肉，短肋骨根根可见。

• 脊椎、腰部和尾部骨骼突出，没有脂肪沉淀，没有平滑的感觉，脊椎骨根根可见。

• 髋结节和髋关节明显突出，覆盖的肌肉非常薄，且骨骼之间的衔接部位凹陷很深。

• 荐骨、坐骨及连接二者的韧带外观清晰可见。

• 尾根高高隆起，与髋关节的连接面上出现较深凹陷，骨骼结

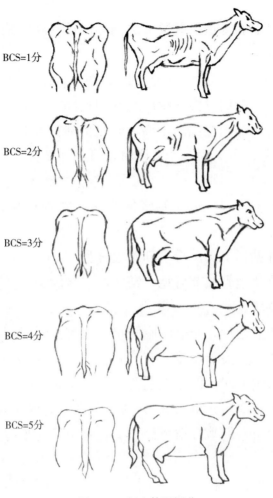

BCS=1分

BCS=2分

BCS=3分

BCS=4分

BCS=5分

图1-4　奶牛体况评分

构明显突出。

　　总之，得分为1分的奶牛呈现皮包骨的状态。

　　②2分。

- 视觉清晰可见奶牛两侧的每一根肋骨。

- 触诊肋骨末梢明显，肌肉覆盖层厚1.0~1.5厘米。

- 脊椎、腰部和尾部区域中的单根骨骼明显，但非根根可见。

- 髋结节和髋关节突出，但是骨骼之间的衔接处凹陷程度好于

13

1 分的奶牛。

• 尾根以下的区域及髋关节之间的区域有些凹陷，但是骨骼结构上有一定的肌肉覆盖层。

③2.25 分。2 分与 2.25 分的区分在于仔细观察腰椎横突、脊椎及腰椎横突末端到脊椎的距离与同侧腰部宽度的比例，明显可见一侧腰椎横突末端到脊椎的距离为同侧腰部宽度的 1/2 时，即体况评分为 2.25 分；可见为 3/4 宽度时，可评为 2 分。

④2.5 分。

• 肋骨覆盖 1.5～2.5 厘米体组织，肋骨可见，但肋骨边缘丰满。

• 脊椎可见，丰满，看不到单根椎骨。

• 髋关节及坐骨结节可见，结实，连接髋关节及坐骨结节的韧带结实并清晰可见。

• 坐骨结节处没有明显的脂肪垫，但触诊时感到有脂肪覆盖。

• 髋结节与髋关节连接处有凹陷。

• 尾根两侧下凹，但尾根上覆盖薄的脂肪。

⑤2.75 分。2.5 分与 2.75 分的区分在坐骨结节，2.75 分的牛虽髋结节呈尖角，但坐骨结节处丰满，有明显的脂肪垫。

⑥3 分。

• 体组织覆盖肋骨外表，显得平滑。轻压可以感觉到肋骨，从奶牛的后部一侧 5 或 7 点方向向前观看，肋骨隐约显现。

• 髋关节和臀部圆润、平滑，与脊椎一起呈现出少量脂肪支撑下三角形的平滑脊背，触诊可感知单根骨头。

• 髋关节和尾根周围的区域平滑，但没有脂肪堆积的现象。

⑦3.25 分。评分超过 3 分且能明显可见尾根韧带和荐骨韧带的奶牛被评为 3.25 分。

⑧3.5 分。

• 触诊荐骨和短肋可感到有脂肪存在。

- 连接荐骨及坐骨的韧带结实，并有清晰可见的脂肪。
- 荐骨及坐骨丰满。
- 尾根两侧丰满，部分尾根韧带被脂肪覆盖。

3分是奶牛体况理想评分的分水岭，要准确评判。对3分值上下的奶牛体况评分还可以采取以下方法。在牛尾后4点或8点方向、2米处，观察髋结节、髋关节、坐骨关节，髋结节外观圆润者评为3分，髋结节外观有明显棱角（尖角）者评为3分以下。BCS≥3分的牛，两个连线呈弧形或U形结构，臀部肌肉较丰满，髋关节覆盖有较丰富的肌肉和脂肪，外观无棱角。也可以在牛尾正后方观察髋结节、髋关节、坐骨结节，肌肤在髋关节与髋结节间存在内向弧度，与两者之间的想象连接线有空隙时BCS≤3分；肌肤在髋关节与髋结节间丰满，两者之间的连线与想象连接线贴近，即髋关节、髋关节与髋结节间肌肉丰满时BCS≥3分。

BCS≤3分的奶牛，髋关节与髋结节连线、髋关节与坐骨关节连线呈现棱角明显的V形结构，髋结节呈尖角，坐骨结节丰满，有明显的脂肪垫。例如，BCS为2.75分的奶牛，髋关节与髋结节连线、髋关节与坐骨关节连线呈现棱角明显的V形结构；BCS为2.5分的奶牛，髋结节呈尖角，眼观坐骨结节没有明显的脂肪垫，但可以触摸到此处有脂肪覆盖。

BCS≥3分的奶牛，明显可见尾根和荐骨韧带的定为3.25分，尾根和荐骨韧带部分有脂肪覆盖的定为3.5分，不能看见尾根和荐骨韧带的定为3.75分。

⑨4分。

- 只有通过手指强压才能区分单根的肋骨，肋骨处显得扁平而浑圆。
- 脊椎区域的脊椎骨外观浑圆而平滑。
- 腰部、背部和尾部区域显得很平。
- 臀部浑圆，平滑。

• 尾根和髋关节区域浑圆，有脂肪堆积迹象。

⑩4.5分。

• 背部结实多肉。

• 荐骨及坐骨非常丰满，脂肪堆积明显。

• 尾根两侧显著丰满，皮肤无皱褶。

⑪5分。

• 脊椎骨、肋骨、臀部及髋关节的骨骼结构不明显，皮下脂肪堆积非常明显。

• 尾根埋在脂肪组织中。

BCS＝2.0分的奶牛其产奶量有可能得到充分发挥，但缺乏体脂贮存，抗力欠佳；BCS＝2.5分的奶牛在泌乳阶段是健康的评分；BCS＝3.0分是奶牛体况的理想评分；BCS＝3.5分是泌乳奶牛理想评分的上限，也是后备母牛产犊时或干奶时的理想体况；BCS＜2.5分或BCS＞4.0分的奶牛则表明其可能存在严重问题，应该引起管理者的重视。

（2）围产期奶牛体况要求

目标分值：3.25分≤BCS≤3.75分。

营养目标：让围产期奶牛在拥有充足、又不过剩的身体脂肪储备的情况下产犊。

结束围产期的头胎牛，其3.5分≤BCS≤3.75分。BCS＜3.25分即表示奶牛在泌乳期末期或干奶期得到的能量供应不足，造成在即将到来的围产后期阶段（泌乳期）BCS＜2.75分，从而过早动用体内储备，失去产后30天、60天的产奶高峰，造成整个泌乳期间产奶量减少，影响产后发情、配种。BCS＞3.75分即表示奶牛在泌乳末期或干奶期的能量摄取量过高，造成皮下脂肪的沉淀过高，可能引发脂肪肝、临床型或亚临床型酮病，致使分娩阶段患病率增加，如难产、产道损伤、胎衣不下、因产后或围产期采食量减少而出现皱胃移位等，给母牛造成不利影响。

因此，奶牛产前应尽量减少其体况评分损失，使其在生产时BCS＞3.25分。这样的母牛在产后能尽快达到最大干物质摄取量，尽量缩短产后最大干物质摄取量与产乳量高峰的错峰时间，且从产后到第一次配种时BCS的损失不应超过0.5分，对于预防产前产后疾病、减少乳腺炎的发病率等都有较好效果。

（3）产前60天（干奶期）体况要求

目标分值：3.25分＜BCS＜3.5分。

营养目标：将身体状况维持在上述数值范围内，母牛基本能完成三项任务，即瘤胃壁修复、乳腺组织恢复、基本体况恢复。

当奶牛在进入干奶阶段时，即BCS＜3.25分时，会拖累围产期体况达标，使围产前期BCS不能达到3.25～3.75分；另外，在奶牛进入分娩后的围产后期，即初产阶段，也不能保证BCS达到3.0分，会影响单产和繁殖效率。此时要适度调整日粮，增加日粮中的淀粉含量、单位能量浓度，使奶牛机体脂肪储备得到恢复。BCS＞3.5分时，应在维持足够蛋白质、维生素和矿物质水平的同时，减少产奶母牛的能量摄取量，甚至要求减少泌乳晚期奶牛的能量摄取量，因为问题可能在那个阶段已经出现。

一般情况下，给干奶期奶牛提供的日粮中，蛋白质不超过日粮干物质的13%、淀粉不超过10%、单位能量浓度不超过5.02兆焦，且要富含维生素和矿物质。

（4）胎天数为180～210天的头胎青年牛体况要求

目标分值：BCS≥3.25分。

这个阶段的头胎牛，BCS是否达到3.25分，直接决定了其进入围产阶段的BCS，也决定了进入泌乳阶段后的高峰产奶量。

（5）胎天数为211～260天的大胎青年牛体况要求

目标分值：3.25分≤BCS≤3.5分。

这一目标与经产泌乳牛阶段的干奶阶段一样重要，直接决定了奶牛围产阶段的体况评分，也决定了泌乳牛是否可以实现泌乳日

30 天、60 天产奶高峰的产奶量，以及产奶高峰的持续时间和产后发情时间。

BCS 对繁殖率的影响机理实质是机体内分泌的变化。低的体况评分（如 1.5 分≤BCS≤2.5 分）或产后早期过多损失体况评分，均会因为排卵异常和血液孕酮浓度快速下降而增加人工授精次数、降低受孕效率、延长产犊间隔。另外，干奶期体况损失速度过快还会引起流产。母牛低的体况评分多因为产前干物质摄入量不足，产后干物质摄入量的提高比高体况评分的母牛需要更长时间，能量负平衡更严重，会更多地动员体脂，增加酮病、脂肪肝和乳腺炎的患病风险。高体况评分（如 BCS>3.5 分）的母牛，其平均妊娠配种次数显著低于评分较低的其他奶牛。如果为降低体况评分而减少采食量，开始时的影响较小，不易被觉察，但一般在第 3～4 周就会发生排卵减少或血液孕酮水平降低。过高体况评分的母牛易引发难产、胎衣不下、产后不食、消化功能紊乱、前胃弛缓或酮病，因抵抗力下降而患乳腺炎、子宫内膜炎的概率增加。

三、评价牛蹄及四肢

无论是因饲料霉变、过度酸化及瘤胃酸中毒引起的机体 pH 下降，还是应激改变生长激素释放激素或黄体生成素系统功能、牛在围产期出现能量负平衡等，都可能降低机体的抵抗力，影射表现在牛蹄或四肢的器质和功能改变上。跛脚的牛，其产后首次输精的受孕率低，每次受孕的输精次数增加，产后 150 天受孕率是没有跛脚的牛的 50%，患卵巢囊肿的发生率是没有跛脚的牛的 2.63 倍。评价牛蹄及四肢可以预警管理与饲养、饲料等方面的不足与偏差、厘清原委、纠正弥补偏差、减少损失、增加经济效益。

无论是由哪种原因引起的蹄病，母牛均会因疼痛或不适而出现跛行，只是跛行的肢蹄数、程度、类型、感染细菌与否及感染部

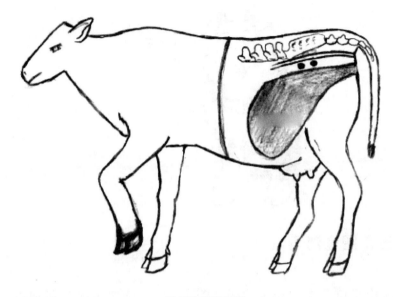

都是跛脚惹的祸

位、全身反应不同而已。感染发病蹄部表现出红、肿、热、瘘管，母牛站立不稳、频繁交替负重肢蹄或避免患肢负重、喜卧等。蹄部感染的病例还可能表现出体温升高、不吃、前胃弛缓、呼吸速度加快（疼痛也会引起呼吸速度加快）。患急性蹄叶炎的母牛一般两前肢或四肢均发生跛行，前肢发病时表现前伸，以蹄踵部负重；后肢发病时表现前踏于腹下，避免蹄尖负重，不愿站立或行走，强行驱赶或拐弯时母牛因疼痛而表现步态僵硬、弓背，蹄踵总是比蹄尖先落地。兽医在诊断时要认真观察，分析原因，分辨病症，必要时要单独触诊。

四、专人饲养，每天巡视

生产中，工作人员要认真观察母牛的饮食、精神及蹄肢、骨盆韧带、乳房变化等，并作详细记录。及时将出现漏乳等分娩先兆的母牛送入产房，做好接产准备。

五、圈舍消毒

无论是待产圈舍还是产房（图 1-5），都要定时严格消毒。消毒药物选择、消毒药物浓度、消毒频次、消毒时的严密程度都要严格按照遵守药品说明书和消毒制度要求。产房墙壁要做火焰消毒，并做好记录。

图 1-5　干净的产房（祁兴磊　供图）

六、适量运动

围产期母牛要做适量运动。围产期牛圈要有足够大的运动场，运动场内要阳光充足，有遮阳棚、足够清洁的饮水和舔砖。不驱赶母牛，让其自由活动。

七、做好围产前期的日粮过渡

由于围产期母牛对干物质的摄入量减少，故瘤胃的绒毛膜长度和表面积减少，吸收功能改变。饲养者不仅要为围产期母牛配制专业的饲料，增加适口性，提高营养浓度，减少能量负平衡，调整体况评分；另外，还需要调整瘤胃功能，以衔接产后泌乳时的饲养模式。因此，要对饲料进行调整，做好围产期日粮的过渡。

1. 使用优质的青干草　保证母牛产前采食质量好的青干草，如优质的羊草、紫花苜蓿草等。但饲喂量不低于体重的 0.5%，5 厘米以上的干草约占 50%。

2. 提高精饲料采食量　母牛产前日增精饲料 0.3 千克，最大日喂量不超过体重的 1%，精饲料与粗饲料的比例应为 40：60。为防止消化机能紊乱和胃肠疾病的发生，要求日粮中约含粗蛋白 13%、粗纤维 20%。为促进精饲料消化，可以添加酵母粉等益生菌类。这一阶段，应最大限度地调动母牛对干物质的采食量。围产前期母牛的日粮中单位能量不应低于 5.86 兆焦，淀粉不应低于 18%，中性洗涤纤维控制在 40%～45%，酸性洗涤纤维控制在 25%～27%。

3. 禁止提供糟粕类饲料　产前应尽量少喂块根饲料、青贮饲料，禁止给母牛食用糟粕类饲料（酒糟、豆腐渣等）。

4. 用低钙日粮饲养　钙占日粮干物质的 0.3%～0.4%，总钙量按每 100 千克体重 6～8 克，钙、磷比例为（1.0～1.5）：1.0，以提高机体动员钙的能力，减少产后瘫痪的发生。提倡使用磷酸钙代替钙粉。

5. 平衡机体内的阳阴离子　这么做对产后低血钙的发病率有

一定影响。阳阴离子差（cation-anion difference，CAD）为负值的日粮能有效预防产后瘫痪的发生。饲料中较高的阳离子尤其是Na^+和K^+，可促使低血钙多发。阴离子盐（主要是Cl^-和S^-）的使用，能预防产后低血钙症的发生。产前饲喂酸性日粮，配合适量的阴离子盐，可以加快母牛体内钙循环速度。从产前21天饲喂，钙的吸收机制处于较活跃的状态，从而提高了血清钙浓度，避免了产后低血钙的发生，以免出现产后瘫痪。实际生产中，可以通过检测围产前期母牛的血清钙、血清磷、血清钾、血清钠、血清氯浓度及尿液pH，来确定阴离子盐的使用量。尿液pH在6.0～6.5是合理区间，能达到最佳效果。

配制阴离子盐的原料有氯化钠、氧化镁、硫酸钙、硫酸铵、硫酸镁、氯化钙、氯化铵、氨基酸络合物（镁、钙）等。

给围产期母牛使用CAD为负值的日粮不仅能有效预防产后低血钙，还可预防胎衣不下、皱胃移位、酮病等围产期疾病。但阴离子盐的适口性差，会对奶牛的采食量产生不良影响。每千克日粮干物质CAD达到-150至-100 mEq、氯离子浓度为0.6%～0.8%时，对采食量的影响很小，超过0.8%时采食量就会减少。日粮中镁离子浓度为0.4%、钙离子浓度为1.2%～1.8%（或每头母牛每天采食钙150～200克）、磷离子浓度为0.4%（或每头母牛每天采食磷35～50克）时，饲喂效果良好。

例如，阴离子盐CAD为-7 800 mEq/千克，含钙22.5%、含磷3.4%。精饲料用量不变时，以干麦秸或青刈玉米秸秆为粗饲料，阴离子盐添加量为每天每头440～500克，尿液pH容易达到5.5～6.5，能起到预想效果，且在这种预处理条件下（2～3天），用苜蓿干草替代粗饲料则会保持效果。但单独使用苜蓿或玉米秸秆，则尿液pH不能达到要求，需要增加阴离子盐的用量。

6. 防止酮病发生

（1）酮病发生原因　母牛群要检测酮病的发病情况，对酮病发生率比较高的牛群，要分析饲料原因。虽然酮病的发生与遗传易感性有关，但饲料、饲养方式和管理仍是最主要的直接原因。酮病的发病机理与母牛血糖浓度下降、能量代谢及能量代谢过程中涉及的物质紊乱有关，这也是治疗与预防的关键步骤所在。

（2）酮病发病症状　患病母牛精神沉郁、凝视、反应迟缓、嗜睡，甚至昏迷，也有少数表现兴奋不安、转圈、摇摆、向前冲，兴奋症状间断性出现，每次持续约1小时，间隔8～12小时重复。其他症状有脱水，食欲减退；便秘，粪便上覆有黏液；迅速消瘦，产奶量下降，在搅动或从高处向牛奶中注入液体时易起泡沫；尿黄，易出现泡沫；牛奶、呼出的气体、尿液中都有酮体气味（烂苹果味）。酮病临床症状的严重程度与血液中的酮体（β-羟丁酸、乙酰乙酸、丙酮）浓度成正比。

（3）酮病预防　原则上是保持母牛的体况评分处于健康范围内，保证围产期能量供给，保持血糖浓度，以满足其生理需要。

①产前4～5周应逐渐增加能量饲料供给，直到产犊（肉牛）或泌乳高峰期的到来（奶牛），但最大日喂量不超过体重的1%。精、粗饲料比例合理，精饲料中粗蛋白含量不能超过18%，碳水化合物饲料以磨碎的玉米为好，粗饲料应为优质的干草或青贮饲料。

②饲料配方和原料应少作改变，以免影响口感和食欲，进而影响采食量。

③适量运动。

④口服丙酸钠，120克/次，每天2次，连喂10天。

（4）酮病治疗　有替代疗法、激素疗法和其他疗法。

①替代疗法。是给予母牛葡萄糖或生糖物质，直接提高血糖水平，方法有静脉、皮下、腹腔注射葡萄糖，口服丙二醇、甘油、丙酸钠、乳酸钙、乳酸钠、乳酸铵等。无论采取哪种方法，都要反复多次使用，以防复发。口服药物起效较慢，选定的口服药要在注射

之前喂服。

②激素疗法。可肌内注射或静脉注射糖皮质激素（可的松），对于体质较好的母牛可肌内注射促肾上腺皮质激素。

③其他疗法。包括喂服水合氯醛、补饲钴制剂、使用健胃药等对症治疗方法。

7. 注意防止便秘和前胃积食　临产前 2～3 天，适当添加一些麸皮，防止便秘和前胃积食。

第三节　分娩管理

分娩管理的重点是保障母牛和犊牛的生命健康。

一、设置专门的产房

即将分娩的母牛，要有专门的产房，且产房中应有分娩栏。牛分娩时需要集中精力，任何不良的刺激都会延缓分娩进程，要保持产房安静、宽敞、舒适、干燥、干净、平整，阳光充足，通风良好，并定期清洁和消毒。产房不能有贼风，避免母牛受恐吓、强赶等不良干扰和刺激。

二、巡视观察母牛分娩先兆

在母牛待产期间，要安排有经验的饲养人员定时巡视牛群，发现有分娩先兆的牛要及时将其送进产房。分娩先兆有以下几种：

1. 乳房变化　乳房膨大，皮肤平展；乳头肿胀，附有蜡样物，有的经产母牛有漏乳现象。

2. 阴门及阴道分泌物变化　临近分娩的 1～2 天，妊娠母牛阴门充血肿胀、松弛、柔软，阴道分泌物透明、黏稠，呈索状下垂。

3. 荐结节阔韧带变化 产前 12～36 小时，荐结节阔韧带充分软化，变得非常柔软，外形消失，荐骨两旁组织塌陷，尾根两侧皆呈现柔软组织，俗称"塌沿"，这是临产的主要前兆。奶牛的"塌沿"现象表现较明显，肉牛专用品种由于肌肉丰满，"塌沿"现象不明显。

三、分娩

分娩是一个渐进的过程，通常把这个过程分为开口期、产出期、胎衣排出期。

1. 开口期 指从子宫开始阵缩到子宫颈口充分开张的一段时间，一般为 2～8 小时（范围为 0.5～24 小时）。在开口期，母牛只有阵缩没有努责，且食欲减退，不愿被打扰，寻找安静的地方。初产母牛不安，时起时卧，抬举尾根，常做排尿姿势，有时会排出一些粪尿；经产母牛则表现得比较安静，经常看不出有明显的变化。

2. 产出期 从子宫颈口充分开张到胎牛娩出的一段时间，一般为 0.5～2 小时（范围为 0.5～6 小时）。初产母牛产出期持续时间会长一些。在产出期，胎囊和胎儿的前置部分楔入产道，阵缩与努责一起。母牛表现不安、起卧，经常侧卧，四肢伸直，强烈努责（图 1-6），呼吸脉搏加快，一般努责数次就要休息片刻，再继续努责。经过几次反复，羊膜绒毛膜形成的第一胎囊突出阴门外，随着努责的进一步继续，第一胎囊破裂，排出淡白色或微带黄色的半透明羊水，这时

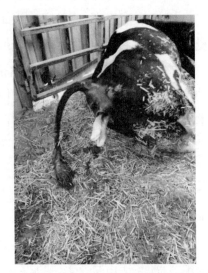

图 1-6 母牛分娩中努责

胎儿也进入产道。在胎位、胎向、胎势都正常的情况下，在胎儿最为宽厚的部分经过盆腔和产道最为狭窄的部位时，母牛努责最为强烈，甚至哞叫，之后稍作休息，继续努责娩出胎儿，第二胎膜——尿膜破裂，流出黄褐色尿水。在产出期，阵缩的收缩期延长，松弛期缩短，与努责协调一致。

3. 胎衣排出期 从胎儿娩出后到胎衣完全排出的这一段时间，成为胎衣排出期，一般为2～8小时（范围为0.5～12小时）。胎儿娩出后，母牛就会安静下来（有时有轻度努责），但子宫阵缩还在继续，这是胎衣排出的动力。由于牛的胎盘属于子叶型胎盘，母子间胎盘连接比较紧密，不易排出，故胎衣排出的时间比较长。但如果产后12个小时还没有排出胎衣或排出不完整的胎衣即视为胎衣不下，特别是在夏季，需要兽医参与治疗。

四、接产

1. 准备 要做好产房、药品器械、人员和母牛的准备。

（1）产房准备 产房应及时消毒，做好接产准备。冬季防冻，夏季防暑。通风良好，拒绝贼风。

（2）药品器械等准备 包括酒精、催产素、来苏儿、产科绳、助产器、消毒棉球、听诊器、体温计、纱布、手术剪刀、镊子、手术刀、缝合线、缝合针、注射器等，且纱布、手术剪刀、镊子、手术刀、缝合线、缝合针要高压灭菌。

（3）人员准备 兽医或接产人员要戴好口罩、长臂手套，穿好工作服和胶靴。接产人员要受过接产训练，严格遵守接产的操作规程。

（4）母牛准备 清洗、消毒母牛后躯，重点消毒阴户、肛门和尾根，消毒结束后要擦干水分。

2. 接产 为防止难产，当胎儿前置部位进入产道时，接产人员应消毒手臂，戴好一次性手套，将手伸入产道进行临产检查，确定胎儿的存活情况、胎向、胎位、胎势，对胎儿的异常做出早期诊断，以便早发现、早矫正，及时施治，减少难产，保证母牛和胎儿的活力，降低母牛产科疾病的发生率。在检查胎儿的同时还要检查母牛产道和骨盆有无异常，子宫颈口、阴道、阴门的松软扩张程度如何，有无异常，如有异常应及时做好助产准备。

当胎儿唇部或头露出阴门外时，如果其上覆有羊膜，可撕破羊膜，并擦除胎儿鼻孔内的黏液。但不可过早撕破胎膜，以免胎水过早流失，造成产道干涩。

接产时要配合母牛阵缩和努责，在母牛努责时接产人员时刻准备处置母牛和娩出的胎儿，在母牛休息时要为其营造安静的环境。胎牛娩出后要及时剪断脐带，消毒脐带断端，擦干其身上的黏液，辅助其站立，并尽早让犊牛哺食初乳，奶犊牛及时进入犊牛岛。清理母牛阴户，消毒后躯，擦干消毒液，供给温热的麸皮盐水，以饱腹和恢复体力。

3. 助产 母牛正常生产时，一般不需要人为助产，只有在胎儿较大、胎位不正及母牛娩出无力时才需要人为助产。助产人员要不断观察分娩母牛的临床表现，正确判断胎儿的胎位、胎向、胎势情况及存活情况，确定母牛是否存在产力、产道问题。如果有难产发生，要判定难产的类型，及时采取措施，以确保母子双全。

（1）产力 产力即母牛将胎儿从子宫中排出的力量，包括子宫平滑肌和腹肌、膈肌有节律的收缩。子宫平滑肌有节律的收缩称为阵缩，属不自主运动，受激素激发，自分娩启动时就起作用，伴随整个分娩和胎衣排出的过程，是母牛完成分娩的主要动力，在子宫及生殖道内翻的病理过程中也起主导作用。阵缩是阵发的，具有节律性和间歇性，对胎儿的生命安全非常重要，既能推动胎儿娩出，又能保证胎儿不至于因子宫壁收缩压迫血管而引起缺血缺氧。腹肌和膈肌有节律的收缩称为努责，协同阵缩娩出胎儿，特别是在分娩的产出期，母牛弓背、闭气、收缩腹肌和膈肌均属于正常现象。

产力太小、胎儿娩出无力时会引起难产。产力太大，努责过于强烈或努责时间太长，或两次努责的间隔时间太短，会引起软产道的损伤甚至创伤。

（2）胎向、胎位及胎势　胎向、胎位、胎势指胎儿在子宫内的方向、位置、姿势。

①胎向。指胎儿背腰与母牛背腰的关系。胎儿背腰与母牛背腰呈平行状态，即为纵向，属正常胎向。还有两种胎向：一种是横向，即指胎儿背部横向，与母牛背部垂直；另一种是竖向，即指胎儿背部竖向，与母牛背部垂直。现实生产中不会有绝对垂直的胎向，会存在各式偏差。

②胎位。指胎儿背部与母牛背部的关系。胎向为纵向，胎儿俯卧宫腔内，背部在上，与母牛背部平行，即为上位，属正常胎位（图1-7）。还有两种胎位：一种为背部在下，胎儿仰卧，即为下位；另一种为背部在侧边，胎儿侧卧，即为侧位（包括右侧位和左侧位）。现实生产中不会有绝对上位、下位、侧位的情况，会存在各式偏差。

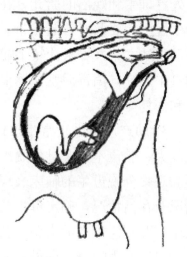

图1-7　正常胎位

③胎势。指胎儿本身的姿势。胎儿进入产道前，头、四肢呈抱团卷曲状，先进入产道的部位为前置部位。

（3）助产　判断和助产方式

①助产判断。胎儿娩出时的正常胎向为纵向，胎位为上位，前置部位为两前肢夹头，即为正生。

异常胎向有横向、竖向，异常胎位有下位、侧位，异常前置部位有臀前置、后肢前置（倒生）、背前置、颈前置（颈侧弯、头后仰）、额前置、肩前置、正生后肢前置、倒生前肢前置等，以及各种异常组合。异常胎向、胎位、胎势都会造成难产。

助产人员要在产出期开始时检查胎儿胎向、胎位和胎势是否正常，主要目的是触摸前置部位、蹄的有无与蹄底方向，判定胎儿姿态是否正常。正常姿态应该是唇与两个前蹄"三件"俱全，且蹄底向下。只见前肢不见唇，可能是颈前置（颈侧弯、头后仰）、额前置；只见前肢且长度不一，可能是肘关节屈曲或肩前置；只见唇不见前肢可能是肩前置、腕部前置；只见后肢与尾，且蹄底向上，可能是倒生；如果触到三条腿可能是正生后肢前置或倒生前肢前置（图1-8），等等。

助产人员在检查胎儿姿态的同时还要检查母牛子宫颈口的开张和松弛程度、产道的柔软和润滑程度、骨盆口与胎儿的相对大小等，目的是判断难产可能发生的概率。

生产中，要求助产人员经验丰富，具有空间想象力，牢记肘关节、跗关节、腕关节、肩关节等剖检结构与形态。在胎位不正时有力气和耐心将胎儿慢慢推入子宫以纠正胎位（图1-8）。另外，助产人员还要保护母牛会阴和阴唇，助产时要用手上下推压会阴和阴唇，使阴户的横径扩大，避免在胎儿的头通过时阴门上联合撕裂。

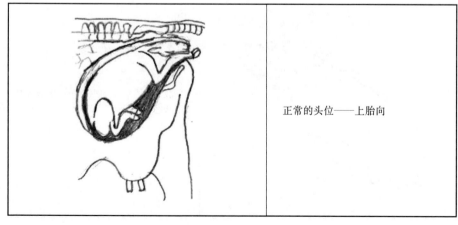

正常的头位——上胎向

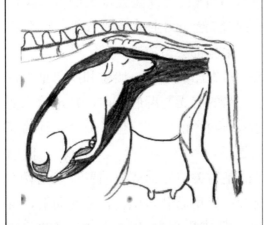

单侧肩关节屈曲头位——上胎向：将头部和前肢推回子宫，再将肩关节屈曲的前肢弯曲拉回骨盆腔

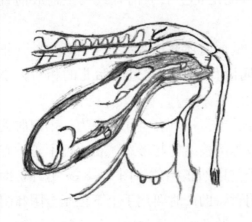

两前肢弯曲的头位——上胎向：将头部推回，拽住前肢使其伸展

后肢在骨盆腔中的纵腹位：前肢保持牵引状态，将后肢推回子宫

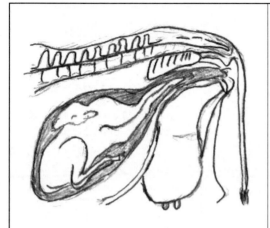	侧头位：将前肢推回，将头部摆正
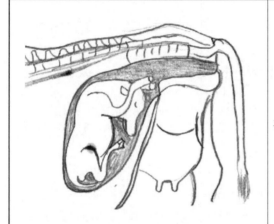	胸头位——下胎向：将头部和肩推回，再将头部摆正
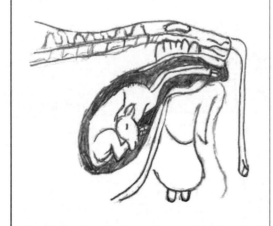	左侧头——上胎向：将前肢推回，将头部从子宫中拉出

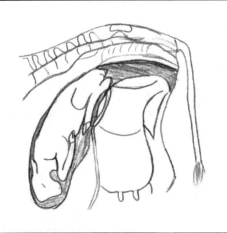

两后肢错位的尾位——上胎向：将臀部向前方推回，将两后肢伸直后拉出

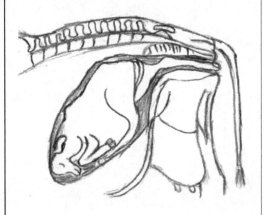

单侧后肢错位的尾位——上胎向：将出来的后肢向前按推，将另一后肢拉出

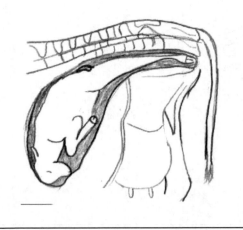

正常的尾位——上胎向：在分娩时有需要牵引的情况

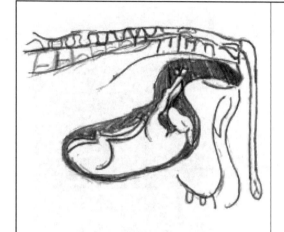

头位——下胎向：抓住前肢转动 180°

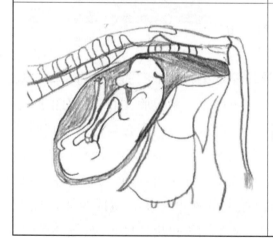

头和肢弯曲的头位——下胎向：将胎儿转动 180°，将头部和前肢经骨盆腔拉出

图 1-8　不同胎位的助产方法

②助产方式。

A. 人工助产。

a. 正生。眉弓是胎儿头部最宽大的部位，因此，胎儿通过阴门时也最为费力。如果胎儿长时间不能通过，即需要助产人员帮助牵拉（图 1-9）。

b. 倒生。倒生时脐带常被挤压于胎儿与母牛骨盆之间，影响胎儿的血液供应，可能造成胎儿窒息，需要尽快拉出胎儿。

c. 胎儿排出太慢。在胎儿姿态正常但排出时间超时的情况下，助产人员要合理判断母牛产力和产道情况。母牛产力不足时，助产人员要配合其努责，推压其腹部并牵拉胎儿，帮助母牛娩出胎儿；产道狭窄或胎儿较大但又不至于不能娩出时，要使用助产器，恒定持续用力，配合母牛努责牵拉胎儿。这时应特别注意母牛的产道状态，减少损伤，在胎儿娩出后及时处置，不能使用猛力。

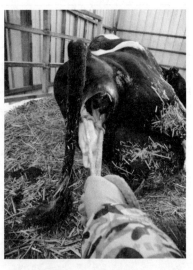

图 1-9　人工助产

　　牵拉胎儿需要遵循的原则：胎位是正位或倒生；牵拉时要配合母牛努责；牵拉用力的方向应该按照母牛骨盆轴的曲线进行，母牛腰向尾的轴线是先向上、再水平、再向下。牵拉胎儿时，只有前腿露出时要向上牵拉，待胎头出阴门后时水平方向牵拉，待胎儿胸腰出阴门后时要向下、向后用力。胎儿稍大时，肩部出盆腔口有阻力，可以交替牵拉两个前肢，使肩部倾斜，缩小肩部横径。在臀部出盆腔口时要缓慢用力，以免排出胎儿的速度太快，造成腹压突然下降，导致母牛血压下降，同时也避免因为拉出速度过快，造成子宫内翻。倒生时，在胎儿臀部露出阴门后要根据母牛盆腔轴线起伏，一气呵成地拉出胎儿，避免胎儿窒息。在胎儿离开母体时，助手握住脐带，与犊牛一起离开母体，以防脐带被扯断。

　　B. 手术助产。手术助产即剖宫产，是在胎儿过大、胎位不正且经过校正后仍无法由产道娩出时采用的方法。剖宫产对母牛的影响较大，在不得已时采用，要谨慎判断和施术。手术时，手术器械要严格灭菌，术中做好无菌工作，子宫缝合要用 PGA 标准可吸收缝合线，注意保护乳房，做到防止感染，不影响母牛产乳和再孕。

第四节　围产后期管理

一、检查产道，消毒外阴

犊牛娩出后，用温的消毒液清洗母牛外阴、尾和臀部，目的是冲掉胎水、恶露，检查产道的损伤情况，治疗产道损伤，防止细菌滋生和产道感染。清洗后要及时擦干多余的水分，不致母牛受凉。

二、观察母牛努责情况

产后数小时是子宫内翻及阴道脱出的高发期，要认真观察母牛是否存在努责现象，如果依然存在则要及时做直肠检查，检查是否还有胎儿没有娩出、是否有子宫内翻，以及是否存在子宫、阴道的异常出血等。

三、检查胎衣

观察胎衣的脱落时间，检查胎衣的完整性（图 1-10）。如果胎衣没有在 12 小时内完整脱落，即判定为胎衣不下，应采取措施，帮助母牛排出胎衣。

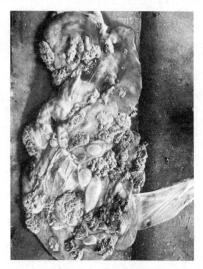

四、观察恶露的排出情况

正常恶露，最初是红褐色的，然后是淡黄色的，最后是无色透明

图 1-10　完整的胎衣

的，排出的时间为 10～12 天。如果恶露排出时间过长或恶露颜色变暗、有异味或母牛出现发热，即说明子宫内可能存在病变，应及时检查处理。

五、适时挤初乳

母牛分娩后 1～2 小时要适时挤初乳，并及时饲喂犊牛。对高产奶牛，产后第 1 天所挤的初乳足够犊牛吃饱即可，第 2 天可挤出泌乳量的 1/3，第 3 天可挤出泌乳量的 1/2，之后可以挤干。每次挤奶结束后都应对乳房进行热敷和按摩，以利于消除乳房肿胀，防止乳腺炎的发生，也可以预防由血清钙一过性降低引发的产后瘫痪。

六、围产后期饮食管理

1. 产后 24 小时 由于分娩消耗了母牛的大量体力、体能和体液，故需要及时给其补充营养。实际生产中，常会忽略或轻视母牛的产后护理，特别是肉牛。产后护理欠佳一方面会增加母牛的患病率，缩短使用年限，增加饲养成本；另一方面会影响泌乳，进而影响犊牛健康。给产后母牛饮用温的麸皮红糖水或益母草膏水是很好的保健方法，既可以快速补充水和能量，恢复体能；也可以充盈瘤胃，起到饱腹和填充产犊后留下腹部空间的作用；另外，还利于胎衣和恶露排出，促使子宫复原。

具体处方有：

（1）麸皮 1 千克、食盐 50 克、红糖 500 克、水 10 千克（煮开凉至 40℃），每天 1 次，连用 3 天。

（2）益母草 250 克、水 1.5 千克，煎 30 分钟，再加入红糖 1 千克、水 3 千克，调至 40℃饮用，每天 1 次，连用 3 天。也可以采取简单的方法：直接调制商品药"益母草膏"（益母草膏 250 克、红糖 1 千克、40℃温水 3 千克），每天 1 次，连用 3 天。

2. 产后 1～7 天 虽然剧烈的生产活动已经结束，但生产应激的影响仍持续存在，母牛抵抗力降低，消化功能减退，食欲不佳。此时，只能给母牛提供优质干草和少许精饲料，并添加一些食盐，以增加适口性，刺激食欲，促进消化，最好供给足量温水。

3. 产后 1 周 多数母牛恶露基本排尽，乳房水肿消散，消化机能恢复，食欲好转，鼓励多喂优质干草，逐渐增加精饲料的喂量，控制青绿多汁饲料的喂量。对于奶牛，忌过早增加精饲料催乳，以免引发机体失重过多，代谢失调（营养负平衡），建议使用高钙日粮［钙占日粮干物质的 0.7%，即每 100 千克体重提供的钙量为 9～12 克；钙磷比例为（1.5～2.0）：1.0，建议用磷酸钙替换钙粉］。另外，每天增加精饲料 0.3 千克，青贮玉米不超过 15 千克，块根不超过 3 千克，母牛自由采食干草（不少于 3 千克）。总之，干物质的进食量以占体重的 2.5%～3.0% 为宜。

4. 产后 2 周 可根据母牛食欲和产奶量投放精饲料，产奶牛的奶料比约为 2.5：1.0，直至产奶高峰，但日喂量不超过 10 千克，精、粗饲料比为 60：40。定期检测观测母牛状态，以保证正常的瘤胃活动和发酵，避免瘤胃酸中毒、皱胃变位、乳脂率下降、体况评分变化过大，确保产后 90 天内发情、配种、受孕。

5. 防止母牛采食冰凉饲料 禁止母牛饮食带冰霜的水和草料。

第二章
犊牛管理

犊牛期可以分为新生犊牛（1～3 日龄）、哺乳期犊牛（4～60 日龄）、断奶后犊牛（61～180 日龄）。

第一节　新生犊牛管理

新生犊牛的管理目标是降低其死亡率，提高其成活率。

一、出生管理

（一）保证呼吸道畅通

犊牛出生后氧气供应形式由母体供应变为自主供应。胎牛离开母体并断开脐带后，必须保证其呼吸畅通。犊牛产出后要立即擦除其口、鼻里的黏液，或者在头露出阴门时就擦除口、鼻里的黏液，观察其有无呼吸、呼吸是否通畅。当犊牛已吸入黏液、呼吸受阻、发生窒息时，应将其倒挂并拍打胸部，使黏液流出。如无呼吸，则必须采取措施抢救（参照第四章"新生犊牛窒息"）。

（二）处理脐带

犊牛自然出生时脐带一般都被扯断，有接产人员在场时要照顾好脐带，最好将脐带血尽量地多捋向犊牛，然后结扎并剪断空虚的脐带，再将断端浸入碘伏中数秒，脐孔周围也要涂上碘伏。

脐带断端不宜留得过长，距犊牛腹壁 1.5～2.0 厘米处结扎，断端留 7～8 厘米，以防被其他犊牛舔舐或吸吮，造成感染。胎儿娩出后，脐带血管在前列腺素的作用下迅速封闭。处理脐带的目的不是防止出血，而是希望断端及早干燥脱落，避免被细菌感染。包扎或结扎过长都会妨碍断端中的水分蒸发和渗出，结扎点不能离腹壁太远，否则不利于脐带干燥（图 2-1）。

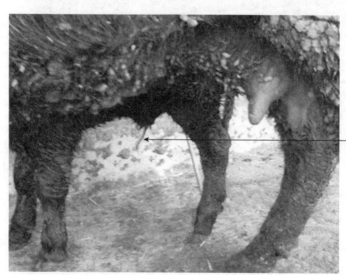

脐带

图 2-1　处理脐带（李付强　供图）

（三）擦干犊牛身上的黏液

对寒冷季节出生或不足月的犊牛，产出后要擦干其身上的黏液，避免受凉，但可以保留头颈部的黏液让母牛舔舐（图 2－2）。这样既有利于犊牛呼吸器官机能的提高和肠道蠕动，也有利于母牛子宫收缩，排出胎衣。在肉牛带犊体系中，有利于建立良好的母子关系。

图 2－2　母牛舔舐犊牛身上的黏液

（四）检查犊牛体况

快速检查犊牛是否存在畸形等先天性疾病和新生犊牛疾病，便于尽快采取措施，减少损失。

（五）登记称重

对犊牛进行称重、打耳标、登记，有育种任务的牛场还要照相、测体尺、建立系谱档案（表 2－1）。

表 2 - 1　产犊记录表

畜主姓名（场、站名）：_____　所在地：_____　畜主编号（场编号）：_____　记录员：_____　时间：_____

母牛号	母牛品种	产犊日期	胎次	犊牛编号	犊牛性别	犊牛出生重	犊牛毛色	产犊难易度				备注（是否双胎等）
								顺产	助产	引产	剖宫产	

（六）辅助犊牛站立

擦干黏液后，要除去犊牛蹄部角质块（图 2-3）。辅助犊牛站立，以防其摔伤。在肉牛带犊体系中，还要辅助犊牛哺乳，让其尽早吃到初乳。

图 2-3　去除犊牛蹄部角质块

（七）转移犊牛

擦拭干新生犊牛体表黏液后要将其转移到安全地带，避免受到牛群的伤害和有害菌群的污染。现代奶牛场习惯性地把犊牛集中在犊牛岛中由专人饲养，这样做既可避免犊牛接触母牛携带的有害菌群，又有利于集中管理，统一饲养，做到犊牛定时、定量、定温饲喂及定时观察、驱虫等。但缺点是犊牛太过集中，活动空间太小，不利于疫病防控，北方冬季不好保温。因此，犊牛岛的环境卫生安全显得十分重要。

犊牛岛周围要有一定距离的隔离带，岛区要定期消毒，粪便要及时清除；消毒液不能对犊牛有害，消毒液浓度要按照说明书配制；床位要有足够的空位时间和消毒次数；奶桶或奶瓶要天天消毒；饲养人员进入岛区前要更换胶靴、消毒手臂；运输车辆要每天消毒；垫草要勤换，特别是新进犊牛时垫草应是新的；犊牛岛要朝阳，冬季防冻保暖，夏季要遮阳通风。将犊牛放入犊牛岛后要观察其呼吸是否平稳、活动是否自如。与犊牛饲养人员办好交接，饲养人员要定期观察并记录犊牛的状态。

犊牛岛有商品出售，也可以根据实际情况自建，用砖砌（图2-4）或者铁网焊制（图2-5），一般宽1.5米，进深2～2.5米，墙高0.85米，前1米敞开；对外有可活动的门；后1米有屋盖，

图2-4　自建犊牛岛（砖砌）

图 2-5 自建犊牛岛（焊制）

屋盖高 1.5 米。根据地域，每 20～30 个连成一排。

（八）尽早喂食初乳

在生产中，要求犊牛出生后 2 小时之内必须吃到初乳，且越早越好。初乳用带奶嘴的奶瓶盛装，让犊牛吸吮。依据新生犊牛体重，初乳的饲喂量应为体重的 20%。首次喂 2～4 千克（体重的 10%），间隔 5～6 小时再喂 2～4 千克，出生后 24 小时内喂 6～8 千克。初乳的温度保持 36～38℃，冬季最好经水浴加热到 39℃。初乳可喂 5～7 天，常规日喂量为体重的 1/6～1/5，每日 3 次，日增加 0.5～1 千克。如果新生犊牛比较虚弱，不能进食或进食能力差，可以用人工灌服的方式辅助其进食，每次不超过 2 千克，以 6～8 小时的间隔时间为宜。在给犊牛灌服初乳时要注意：插入胃管时动作要轻柔，确认胃管在食管中，避免误入气管；拔出胃管时要折叠胃管，以防胃管中的残奶被误吸入肺，灌服初乳时速度要慢。灌服 3 次后可以用奶瓶饲喂，并尝试用奶桶饲喂，用过的奶瓶、奶嘴要彻底清洗、消毒、晾干。在肉牛带犊体系中，要尽快辅助犊牛哺乳。

（九）防寒保暖

对于冬季出生的犊牛，除了采取护理措施外，还要做好防寒保暖工作，但不宜用柴草生火取暖，以防犊牛遭烟熏导致肺炎等疾病。

（十）饮水

3 日龄开始供应温水，水温 35℃，将奶桶洗净，盛水供犊牛饮用。

二、新生犊牛饲喂

新生犊牛的消化器官、消化酶系统及免疫系统尚未发育健全，非常脆弱，抗病力、对外界不良刺激的抵抗力、适应性和调节体温的能力都比较差，容易受各种病菌的侵袭、不良因素的刺激而引起疾病，甚至死亡。因此，其饲喂要注意如下事项。

（1）接触新生犊牛的用具要干净卫生，环境要按时消毒，减少冷或热对犊牛的不良应激。

（2）按规定的时间、量、温度饲喂初乳。单独饲养奶公犊的也应该给犊牛喂 2 次初乳，以保证其获得免疫力，降低发病率。

（3）出生 2～3 天即可自由饮水，要求水温 35℃。喂后的奶桶洗刷干净后即可装水，供犊牛继续自由饮用。

（4）肉牛可以采用带犊模式，也可以采取保姆牛哺育模式。带犊模式中的犊牛跟随母牛生活，母牛可随时哺乳，乳汁无污染且温度适宜恒定，减少了肠道疾病的发生率，利于犊牛健康生长和管理，也节省了劳力。需要注意的是，要测试母牛的泌乳量，观察母牛乳房健康、身体健康情况，保证犊牛能吃饱、吃好。保姆牛哺育模式是充分利用高产母牛的泌乳潜能，1头母牛可以同时哺育2～3头犊牛，或带满一批犊牛哺乳期后可以再带一批，节省了饲养费用。

三、新生犊牛管理

做到"五定""三勤"，具体如下。

(一)"五定"

"五定"指定人、定温、定时、定质、定量。

1. 定人 饲养和勤务人员要固定，施行专人负责制，熟悉犊牛习性，饲喂犊牛要温和。犊牛出生2小时，一般就能与母牛或养护人员建立牢固的认知关系。这种良好的关系，不但能使犊牛情绪稳定，条件反射积极，还可以使之成年后温顺，对人友好，易饲养，利于健康和发育，且防止因人员流动引起疫病的交叉感染。

2. 定温 出生0～3天的犊牛，其调节体温的能力差，抗寒能力弱。故要求垫草要厚，室温在18℃以上，奶温在38℃以上。在北方的冬季，可以采取红外保温灯或暖炉提升环境温度或犊牛周边小环境温度，以防犊牛被冻伤致死。同时，保证犊牛舍通风良好，空气清新，不能有贼风。

3. 定时、定质、定量 定时喂食犊牛，能唤起犊牛良好的条件反射；定质、定量喂食有利于犊牛消化，保障犊牛所需营养得当。

(二)"三勤"

"三勤"指勤观察、勤消毒、勤换垫草。

1. 勤观察 饲养人员每天要巡视牛群，如观察犊牛的饮食状态、精神状态、呼吸、行为、粪便等。若发现异常，如腹泻、气喘、眼鼻出现分泌物、鼻周出现多量污物、鼻镜颜色和完整性被破坏、体温升高、抽搐、卧地不起等要及时报告兽医。另外，还要观察天气情况，便于采取保温或降温措施，保障犊牛生活舒适，避免受到应激。

2. 勤消毒　犊牛圈或犊牛岛每周要严格消毒一次。应及时隔离患传染性疾病犊牛，每天坚持消毒患病犊牛舍。喂奶用具要每天清洗、消毒、晾干，以减少污染、交叉感染，防止腹泻等疾病流行。严禁用变质奶喂养犊牛，特别是夏季，饲养人员更要认真执行环境、用具和牛奶的消毒制度。水槽、料槽、地面要清洗、消毒，牛舍出空犊牛后要空置1周，牛床、牛栏、用具要严格消毒。消毒药要2种以上交替使用，并严格参照说明书，保证药物浓度和消杀时间。另外，饲养人员要注意手臂的消毒工作。要坚持灭蝇、灭鼠，禁止其他动物（如犬、猫）进入犊牛圈舍。

3. 勤换垫草　每隔3天清理一次圈舍，换一次垫草。垫草必须是新的、干的，不能被粪尿污染、不能潮湿、不能发霉、不能含有农药残留。垫草要足够，特别是冬季。清理圈舍、换垫草时动作要轻缓，以免扬起太多尘埃，影响犊牛呼吸，诱发呼吸道疾病。

第二节　哺乳期犊牛管理

哺乳期犊牛处于快速生长发育阶段，影响其生长的因素有很多，其中遗传、生活环境、开食料的类型和营养水平、管理等的作用较大。

一、消化生理特点

哺乳期犊牛要经历一个由类似单胃动物阶段逐渐发育成为一个

具有反刍功能的多胃草食动物的巨大生理转变。

（一）胃的发育

犊牛出生时，皱胃发育完全并具有消化功能，消化方式与单胃动物的相似。皱胃占胃容量的 $50\%\sim60\%$，瘤胃约占 25%，网胃约占 5%，瓣胃约占 10%。这时瘤胃无消化功能，甚至犊牛食入的牛奶都不能误入其中，否则会引起异常发酵和腹胀。但是瘤胃发育速度很快，2 月龄时，体积与皱胃体积相似，约占胃容量的 45%，瘤胃和皱胃的重量占胃室重量的 50% 和 25%；3 月龄时，瘤胃是皱胃体积的 1 倍，约占胃容量的 55%；4 月龄时，瘤胃约占胃容量 75%；18 月龄时，瘤胃约占 80%、皱胃约占 8%、网胃约占 5%、瓣胃约占 7%（均以胃容量计）。

根据犊牛消化道的生理特点，犊牛最大生长潜力的发挥有赖于瘤胃上皮的充分发育。犊牛只有进食开食料后，瘤胃乳头才开始发育，瘤胃胃壁厚度才开始增加，采食干草和精饲料对瘤胃微生物发酵和前胃发育起到积极的影响作用。日粮的物理形式（干草）影响瘤胃乳头的形状和大小，显著影响前胃组织及微生物的生长；另外，还会影响犊牛未来的发育，但不影响瘤胃肌肉的厚度。固体饲料采食量的增加促使瘤胃发酵及产生短链脂肪酸，短链脂肪酸是刺激瘤胃上皮发育的化学刺激物，可提高瘤胃上皮的发育结构和吸收能力。补饲适量的饲料饲草不仅可促使瘤胃快速发育，而且精粗料的比例和饲喂的先后顺序对瘤胃发育有不同的影响。精饲料比例高有利于瘤胃乳头生长，干草比例高有利于瘤胃体积和组织发育，但完全补饲精饲料反而引起瘤胃乳头发育不良，瘤胃发育延迟。饲料刺激瘤胃发育不单需要物理的刺激，饲料在瘤胃发酵分解产生的挥发性脂肪酸对瘤胃的发育也有促进作用。

（二）胃肠 pH 和酶环境

新生犊牛的皱胃容积为 1.0～1.5 升，pH 为中性（6.5），不能分泌盐酸和胃蛋白酶、凝乳酶等。唾液和胰液中有脂肪酶，肠中有乳糖酶，乳糖酶可降解乳糖生成葡萄糖和半乳糖。新生犊牛第一次吃初乳时，初乳在皱胃不能凝固，而是直接进入肠道，这个过程有助于初乳中的免疫蛋白分子在整个肠上皮被吸收。之后，肾素可使进入皱胃的牛奶发生凝固（适宜 pH 为 6.5），过程只需数分钟。乳凝块收缩，析出的乳清蛋白（白蛋白和球蛋白）、矿物质、乳糖等进入十二指肠、小肠被进一步消化、吸收。

出生 2～3 天，皱胃黏膜上皮细胞数量增加，开始分泌盐酸，皱胃内 pH 下降。

出生 4～5 天，皱胃内 pH 可达 4.5，酸性环境可以促使皱胃黏膜上皮细胞分泌凝乳酶和胃蛋白酶原，并使胃蛋白酶原转化为胃蛋白酶，胃蛋白酶可使牛奶凝固，并起到消化凝乳块里的脂肪和酪蛋白的作用，胃蛋白酶在 pH 为 5.2 时消化能力最强。稍大的犊牛空腹时皱胃内 pH 会下降到 2.0。

出生 5～7 天，胰蛋白酶、胰脂肪酶等也已活化并发挥作用。

出生 7～10 天，胃肠蛋白消化酶系统完全建立，可以消化由植物性蛋白质或其他动物性蛋白质组合的代乳品。

7 日龄后，麦芽糖酶、蔗糖酶、淀粉酶开始活跃，犊牛可以消化非乳碳氢化合物，如淀粉，但 3 周龄后才达到完全活性状态。由于犊牛肠道内的蔗糖酶没有活性，故不能消化蔗糖。胃蛋白酶含量随犊牛年龄的增加而增加，对非乳蛋白质的消化率明显提高。皱胃环境的 pH 随进食牛奶的量、温度、停留时间等发生变化，pH 为 4.2 以下时具有杀菌功能。

（三）胃肠道菌群

牛胃肠道菌群的建立是一个复杂渐进的过程，受环境菌群、母体阴道菌群、母体消化道菌群及犊牛生长阶段、瘤胃发育阶段、开口采食时间和饲料类型、饲料营养成分等的影响。

刚出生的犊牛，其肠道处于无菌状态，自张嘴呼吸哞叫，即有母体阴道菌群进入口腔；开始吃初乳时，环境中的细菌均有机会进入消化道，但能定殖并成为优势菌群的有大肠杆菌、乳酸杆菌、肠粪球菌、芽孢菌等。进入胃肠道的细菌，部分被初乳中的抗体中和，部分被皱胃中的环境所杀灭，能生存下来且定殖的即成为肠道常在菌。出生3日龄前的犊牛，由各种原因（过食、凝乳不良、奶温过低、代乳品搅拌不均等）引起的皱胃内 pH 上升，均会造成肠道细菌的过度增殖，引发犊牛腹泻。肠道常在菌也处于动态平衡中。

出生3天的犊牛，其瘤胃中的细菌数量比较少。约2周后瘤胃开始发育，早期进入胃肠道的微生物一部分在其中增殖发酵，瘤胃逐步形成厌氧环境，随犊牛采食干草、接触成年牛反刍的食团和犊牛互相舔舐而进入瘤胃的细菌增多，适宜的微生物种群增殖、定殖其中，逐渐形成较为稳定的瘤胃微生物区系，之前进入瘤胃的早期菌群（大肠杆菌等）被逐渐清除。瘤胃正常栖息微生物有细菌、真菌、原虫三大类。细菌有30余种，均为无芽孢的厌氧菌，主要分解纤维素、果胶、淀粉等，给机体提供维生素、脂肪酸和菌体蛋白。原虫为纤毛虫，主要分解纤维素。2月龄时的犊牛已经形成丰富的瘤胃微生物区系，瘤胃呈现比较稳定的微生态环境，4～6月龄时基本达到稳定。瘤胃菌群呈动态平衡，并保持一定稳态。瘤胃微生物区系的细菌种群、数量、比例随犊牛月龄、饲粮、采食量及犊牛身体和消化道健康状态而变化，受断奶、换料、运输等应激因素存在而波动，甚至紊乱，也与疾病治疗时的用药有关。瘤胃微生物区系中优势种群的稳定和平衡关系到犊牛的健康和疾病转归，也就是平时说的"犊牛健康有赖于瘤胃健康"。

（四）食道沟

食道沟是瘤胃背囊前壁的一个肌层组织，平时舒展开放，在犊牛吸吮乳头进食时，两边有力的褶皱肌层组织会反射性地收缩形成一个管道结构，前接食道后端，后通入皱胃。在犊牛出生后的管理中，培养犊牛的吸吮条件反射很重要，与吸吮和进食有关的视觉、听觉、嗅觉等刺激均会条件反射性地引起食道沟关闭，比如饲养人员的声音、运奶车的响声、打开母牛与犊牛圈舍隔栏的声音、附近圈舍犊牛吸奶的声音、牛奶的气味等，使犊牛对食物产生期待，在食物带来之前闭合食道沟，而且食道沟的功能也会得到不断完善增强。不良的刺激会影响食道沟的关闭状态和程度，比如运输应激、牛奶温度过低、奶桶位置放置太低、母牛泌乳量过大或射乳速度太快引发犊牛哽噎等，都可能引起食道沟关闭不全，关闭不全的食道沟会将牛奶漏入瘤胃。奶桶的放置位置最好使其中的奶液水平面不低于母牛乳房高度（距地面30厘米以上），用奶瓶喂养时最好让犊牛的食道保持水平状态。

无论是在出生早期还是瘤胃已经开始发育，2月龄前犊牛均需要全乳提供营养，以满足其快速生长的营养和胃肠发育需求。但乳汁不能漏入瘤胃，因为瘤胃不能利用乳汁，进入瘤胃的乳汁会发生异常发酵，造成瘤胃臌气。乳液大量漏入瘤胃15～30分钟母牛即可发生急性瘤胃臌气和腹痛，慢性漏入会导致持续的瘤胃臌气、慢性腹痛、食欲减退、便软、生长受阻等。因此，在犊牛的饲养管理中必须建立标准的或一以贯之的制度，做到定人、定时、定温、定量、定质，进行程式化的食物准备程序，让犊牛愉快地感受到食物即将到来并产生期待，尽早关闭食道沟，分泌消化酶。但吃得太猛或太快都可能引起乳汁溢入瘤胃。

（五）反刍

犊牛出生后 3 周内没有反刍行为，其反刍出现的时间与开食时间有关，接触成年牛反刍时逆呕出来的食团可以使犊牛反刍时间提前。成年牛食团内的微生物在犊牛消化道定殖，有利于进入犊牛瘤胃的粗饲料发酵、消化、吸收。这些粗饲料在瘤胃内微生物的发酵作用下产生的挥发性脂肪酸可以促进胃黏膜结构发生改变，完成瘤胃发育，提高瘤胃容积，刺激反刍行为。

二、饲养管理

哺乳期犊牛指 4～60 日龄的犊牛，其间要经历奶、料、草喂养的衔接，以及转圈、合群、去角、断奶等过程。因此，此期的饲养管理非常关键。此期的管理目标是犊牛成活率大于 95%，平均日增重大于 800 克，断奶时体重达到出生重的 2 倍、死亡率小于5%、腹泻发生率小于 25%、肺炎发生率小于 10%。

（一）饲喂

1. 饲喂牛奶或代乳粉　用奶桶饲喂，做到一犊一桶，并严格消毒奶桶。

（1）全乳饲喂模式　出生 5～7 天后的犊牛可以用常乳喂养，常乳要经巴氏消毒，饲喂量要逐日增加，常规日喂量为体重的1/6～1/5，但不可在 1 天内突然增加太多，要有规律地逐渐增加。自 35 日龄开始保持喂量不变，50～60 日龄逐渐减少喂量直至停止，其余则以饲料和饲草补充。

奶牛场的犊牛集中在犊牛岛管理，可以采用奶桶饲养系统。最初犊牛不会吸食桶装奶，饲喂人员可用手指沾些牛奶，吸引犊牛吸吮手指，再就势用手指带着犊牛的嘴伸入桶内，待犊牛能吸入牛奶后将手指慢慢移出，可以反复训练几次。利用犊牛吸吮手指的方法引导犊牛吸奶，要注意不能将犊牛的鼻子引入奶中，防止将牛奶吸入气管。经过 2～3 天的训练，犊牛即可自己吸奶。对个别体弱的犊牛可用奶瓶人工辅助喂养，待其身体好转后再训练其使用奶桶吸奶。在机械化程度高的饲养企业，犊牛自由采食哺乳器，内含恒温的巴氏消毒牛奶，保证犊牛的采食量和牛奶的安全性，减少疾病的发生。

使用巴氏消毒牛奶与常温水浴牛奶哺喂犊牛的试验比较显示，试验 30 天，腹泻的发生率降低 50.0%，肺炎的发生率降低 10.0%，死亡率下降 10.0%，治愈率提高 11.76%，日增重比对照组增加 0.18 千克。采用巴氏消毒牛奶饲喂犊牛可有效降低疾病的发生率，保障犊牛健康，利于犊牛的生长发育，且操作简便易行、便于管理、易于推广。有的企业在牛奶中添加枯草芽孢杆菌，目的是建立优势益生菌群，虽然饲养成本会增加，但对于降低犊牛腹泻和肺炎的发生率都有好处。

(2) 代乳品饲喂模式　犊牛可在出生后喂足初乳，自 6 日龄开始以代乳品逐渐替代牛奶，5～6 天完成替代。可以每天替代 1/3，每个替代使用 2 天，也可以每天替代 1/5。完成替代后再单纯以代乳品饲喂，直至断奶。用乳品替代不能操之过急，应让犊牛有适应过程，以免引起消化不良；另外，饲喂量要稳定，不可过量，每次饲喂的顺序要尽可能保持一致。

随着对犊牛消化生理和营养学的研究不断深入，犊牛的饲养方式也发生了改变。养牛业的集约化和工厂化发展需要实施早期犊牛断奶且保证犊牛快速、稳定生长，代乳品饲喂模式就成为一种趋势。优质的代乳品营养成分稳定，营养全面，可以促进犊牛瘤胃发育，加快犊牛生长，防止疾病垂直传播，能顺利实施早期断奶。另外，还可以根据不同犊牛的饲养需求和饲养阶段加以调制，为成年牛发挥生产潜力打下坚实基础。

使用代乳品的第一黄金准则是要认真阅读说明书，了解代乳品的成分、使用方法、注意事项等。大多数的代乳品是精制奶粉中添加了不同来源的脂质经高度乳化而成的，也有以大豆浓缩蛋白、玉米蛋白等植物性蛋白质为蛋白源的代乳粉。如果蛋白来源是牛奶或奶制品，则蛋白含量应在20%以上；如果是植物性蛋白质，则蛋白含量要高于22%。代乳粉中的脂肪含量应为10%～20%，夏季可以含10%，冬季要达到20%，以维持犊牛体温的消耗，脂肪的来源最好是动物脂肪。碳水化合物应是乳糖，但不能含太多的淀粉（小麦粉、燕麦粉）和蔗糖（甜菜），因为3周龄以内的犊牛没有足够的酶消化这类碳水化合物，含量过多会导致腹泻。矿物质、微量元素、维生素也必须满足犊牛的生长需要。犊牛使用的普通代乳品要保证在皱胃中发生凝固，凝乳不良会使不能被小肠消化的酪蛋白进入小肠，被腐败菌利用发酵，导致腹泻。也有的代乳品中添加了弱的有机酸（柠檬酸、延胡索酸），使代乳粉pH降至5.7以下，还有pH为4.2的完全酸化代乳粉。强酸化的代乳粉主要由乳清蛋白和脂肪组成，不含酪蛋白，因不含精制奶粉，所以被称为"零"代品，在皱胃中不凝固，也不会增加消化道疾病。一般代乳品饲养的犊牛日增重比全乳饲养的稍低。

使用代乳品需要注意以下事项：

①一定要用温开水，如40～42℃的水温混合，待凉至38℃时饲喂。温度高时会破坏营养成分，温度低时代乳品中的脂肪乳化不好，会在乳液表面形成脂肪膜，而且低温度的混合品在皱胃中的凝固时间延长也会使犊牛出现冷应激，特别是在北方的冬季。给犊牛分装代乳液时速度要快，或者采用保温囊保护大奶桶，这样能保证

最后一头犊牛喝到的乳液不是凉的。

②稀释时要充分搅拌，混合均匀。搅拌不均会使添加的矿物质和没有溶化开的奶粉块等沉于桶底，乳化不佳的脂肪会在乳液表面形成脂肪膜，脂肪膜在犊牛吸食乳液时会附着在其嘴周围，长时间的附着可能造成犊牛嘴周皮肤潮湿、脱毛、出现湿疹等。

③稀释时的加水量要按说明书操作。稀释浓度低会造成皱胃凝乳不良。另外，犊牛吸食乳液结束后不能大量饮水，也是考虑到大量的水会稀释胃内乳液，引起凝乳不良。在给犊牛饮用电解质时不能与代乳粉混合，原因是电解质可以缩短乳液凝固的时间。乳凝块的稳定性差，应将代乳粉和电解质分开饮用并间隔一定时间，一般为 3 小时。

④代乳品要随冲随喂，完成冲泡的代乳品不能放置过长时间，不能饲喂上顿未食用完的代乳品。

⑤小群饲养时，用桶装喂食乳液后应该擦拭掉犊牛嘴周的乳液，防止犊牛互相舔舐，形成舔癖，也可以防止嘴周脱毛。饲养群体太大时，做这个工作可能不太现实，但也要尽量做到。

（3）母犊模式　母牛可以采取带犊模式或保姆牛哺育模式。这种犊牛饲养模式实用，现在一般的肉牛繁殖场还在采用。但比较好的模式是采取犊牛定时隔离和放归哺乳的方式，利于母牛休息，防止长时间混养带来的疾病预防压力，有利于对犊牛进行管控和观察。在犊牛隔离区域要有饮水槽和补饲槽。禁止使用含有抗生素的牛奶喂养犊牛，禁止使用病牛所产牛奶喂养犊牛。

2. 犊牛开食　做好喂奶（液态饲料）和食草料（固态饲料）的衔接工作，是哺乳期犊牛饲喂的一项重要工作。让犊牛尽可能早地采食开食料，对瘤胃及整个前胃形成机械刺激（食物的物理刮擦作用）、生物刺激（微生物的发酵作用）和化学刺激（食物消化形成的挥发性脂肪酸的化学刺激作用），有利于瘤胃的快速发育。

7 日龄开始添加开食料，让犊牛自由采食。给犊牛的口、鼻上涂上开食料，让其舔舐，断奶前不限量，自由采食，1 周后可以使用颗粒料。15 日龄引导犊牛自由采食干草，所用干草必须质量优良，无霉变、无冰冻、无农药残留，也可以制作成颗粒，干草有燕麦、苜蓿、花生秧、干制良好的田间杂草等。粗饲料是犊牛不可缺少的饲料，优质的粗饲料可以提供高的粗蛋白和能量。有条件的牛场，自犊牛 20 日龄开始可以添加一些切碎的胡萝卜、南瓜等多汁饲料，每天每头约 25 克，逐日增加，2 月龄时可以增加到 2 千克。另外，也可以添加一些有益菌，利于瘤胃功能提高。

（二）管理

哺乳期犊牛的管理除要做到跟新生犊牛一样的环境管理要求外，还要做到勤添料和"三不"，即不混群饲养、不喂发酵饲料、不饮冰水。水槽、料槽、地面要定时清洗、消毒，出空后空置 1 周，牛床、牛栏等要严格消毒。饲料要按犊牛实际采食量分多次添加，确保犊牛随时吃到新鲜草料，做到每天清槽一次。

1. 去角　去角可以避免犊牛之间因打斗而受伤。去角后的犊牛比较安静，易于管理。去角后所需的牛床及阴棚的面积较小，尤其是散放饲养和成群饲喂的犊牛，去角就更为重要。去角处理必须在幼龄时进行，因为年龄小时易于控制，且流血少、痛苦少。

15～30 日龄去角比较合理，过早时应激大，会造成犊牛患病或死亡；过晚时角基生长点角质化，容易造成去角不彻底而再次长角。去角的方法有电烙铁法和氢氧化钠法。

（1）电烙铁法　一般选择枪式去角器，简单易行，四季均可进行，不易出血。操作时需要调节好枪头与犊牛角基部的对应位置，控制好去角的温度和程度，以防错位、烫伤，以角基部组织变为古铜色为佳。防止时间短、温度低、去角不彻底的情况，时间过长、温度过高时易造成颅骨或颅内损伤。

（2）氢氧化钠法　该法去角简易、廉价。目前市场有商品犊牛去角膏销售，其主要成分是氢氧化钠。使用药物去角时犊牛应被保定。将角基周围3厘米的毛剔除干净后用碘伏消毒，小心而均匀地沿着角的根部涂抹一圈去角膏，同时在角根部1~2厘米的皮肤（其中有成角上皮细胞）周围涂抹，形成围绕角根部的药膏环，或者涂抹整个角的圆形区域。采用木质涂抹器涂抹为宜，只需涂抹一次即可。把处理后的犊牛单独隔离6个小时以上，以避免将药膏蹭到其他犊牛身上或被其他犊牛舔舐。涂抹过药膏的犊牛3小时内不允许吃母乳，以免药膏碰触母亲乳房，喂奶时最好有专人看管。涂过膏药后24小时内避免沾水。一般7天痂皮脱落，其间要观察有无感染情况发生。去角膏具有强烈的腐蚀性，仅限于兽医或专业人员使用。使用时要戴手套以免手部烫伤，避免眼睛和皮肤直接接触。

2. 去除副乳头　奶牛除了4个正常乳头之外的小乳头即为副乳头。去除副乳头的最佳时机是犊牛出生后的15~30日龄。方法是：用碘伏消毒副乳头及其基部周围，轻拉乳头，捏紧乳头根部造成其缺血、变细，然后用消毒剪刀沿根部剪除，压迫止血，最后用碘伏消毒即可。

3. 合群　1月龄犊牛可以合群，但合群的犊牛月龄要相似，相差不超过1周，体格、体重也要相仿。驱赶犊牛时动作要慢、缓，不能对其大声呵斥。特别是饲养在犊牛岛里的犊牛，已经独自生活了1个月，生活区域狭窄，环境安静，突然放出时会受到惊吓，出现应激。合群的群体数量一般是6~8头。栏圈面积要求：每头犊牛的休息面积大于3.0米²，栏高1.2米。有条件的牛场可设置栏栅颈枷，以便喂奶或其他操作时对犊牛进行固定。牛床大小1.2米×0.6米，颈枷宽12~16厘米。

喂奶结束要尽可能擦去犊牛嘴周的奶渍，并等待15分钟放开颈枷，以防犊牛养成"舔癖"。"舔癖"的危害很大，犊牛常会因为互相舔舐脐部、睾丸、耳朵，引起脐炎、睾丸炎、耳损伤等；另外，舔食的牛毛在瘤胃内形成大小不等的毛球会刺激瘤胃，影响胃的活动，甚至堵塞食道沟、幽门，形成梗死，导致犊牛死亡。

4. 做好断奶准备 50 日龄时要统计犊牛每天的开食料采食量，当犊牛连续 3 天采食的颗粒料达到 1.0～1.2 千克且能有效反刍时即可实施断奶工作。断奶要循序渐进，体弱者要适当延长哺乳时间，可采取先喂饲料再喂奶的方法，训练其多食饲料。断奶时要将喂奶次数由每天 3 次降为 2 次，经过 2 天的适应后再降为 1 次，适应 2 天即可停止喂奶。

5. 断奶

（1）断奶时间 60 日龄断奶。测试空腹体重，检查耳号。犊牛在原圈饲养 1 周，做好断奶后的过渡饲养，以减轻断奶应激。

（2）早期断奶技术 60 日龄断奶是传统的惯例，现代的犊牛养殖技术认为，犊牛断奶的时间节点应该以犊牛对固体饲料的采食量为依据，即充分考量瘤胃的发育水平，并非考虑日龄和哺乳的时间长短。理论上，犊牛连续 3 天每天能采食开食料 0.7～1.0 千克，即说明瘤胃发育水平、微生物种群与数量、消化能力能满足犊牛对能量、蛋白质等营养物质的需求。要实施早期断奶，就要有计划地培养瘤胃功能，开食料的开喂时间可以提前到 3 日龄，并提供足够清洁的水，在 30 日龄可实施断奶。对开食料达不到要求的犊牛不应实施断奶，否则会出现生长停滞，日增重下降，待其开食料采食量达标后再实施断奶。早期断奶可以为企业节省大量牛奶或代乳品，降低饲养成本，但必须严格按操作程序进行，否则会引起犊牛生长停滞、消化不良等。

6. 运动 除了犊牛岛活动区域小和特殊生产（如犊牛白肉生产）外，犊牛应有足够的活动区域用于运动。在气候温和的地区或气温合适的季节（如气温达到 18～25℃时），出生 3 天的犊牛即可在室外运动。7～10 日龄犊牛一般即可进入运动场活动。1 月龄前每日 30 分钟，之后每天 2 次，每次 1.0～1.5 小时。需要注意的是，夏季要防止暴晒，冬季要防止霜冻。

7. 防疫和检疫 建议的免疫程序如下：

（1）1 日龄时，皮下注射破伤风抗毒素。

（2）奶犊牛和繁殖母牛群犊牛 25～30 日龄时，肌内注射伪狂犬病弱毒疫苗。

（3）奶犊牛和繁殖母牛群犊牛，在断奶前 3 周进行传染性鼻气管炎和流行性腹泻病毒病的免疫接种。

（4）40 日龄时，口服或肌内注射副伤寒疫苗。

（5）牧区犊牛，在 2 月龄前完成产气荚膜梭菌病和巴氏杆菌病的免疫接种，需要首免和加强免疫，免疫期 6 个月。

第三节　断奶后犊牛管理

断奶后犊牛管理的目标：保证 3～4 月龄时日增重大于 800 克，120 日龄时体重大于 140 千克；5～6 月龄时日增重大于 900 克，180 日龄时体重大于 190 千克。

断奶后犊牛的饲养分为两个阶段进行，即 3～4 月龄和 5～6 月龄。断奶后犊牛的饲养要兼顾日增重和健康，以获得良好的体格骨架，为产奶或产肉等生产性能的发挥打好基础。此阶段的饲养指标为死亡率小于 2%，腹泻发生率小于 2%，肺炎发生率小于 15%。

一、建议日粮和饲养

3～4 月龄：犊牛颗粒料 3 千克、苜蓿 1 千克，犊牛自由饮水。

5～6 月龄：犊牛颗粒料 1 千克、混合料 2.5 千克、苜蓿 1～3 千克、青贮饲料 1～4 千克，犊牛自由饮水。此期苜蓿逐渐减少，青贮饲料逐渐增加，逐渐过渡到用全青贮饲料饲喂。

此期不建议给奶犊牛饲喂发酵饲料，满 6 月龄后可以逐渐添加，但对肉犊牛没有限定，有的牛场在这个时期逐渐进行青贮饲料的过渡性饲喂。生产高档雪花牛肉的犊牛不建议使用青贮饲料，且饲料中要添加乳酸菌，以利于肌肉内脂肪的沉积。

优质干草对断奶后的犊牛十分重要。2～4 月龄犊牛以苜蓿和燕麦干草为来源、中性洗涤纤维为 15％的粗饲料即可满足其生产性能需要。断奶后犊牛饲料中以苜蓿和燕麦干草为来源、中性洗涤纤维为 15％、粗蛋白为 14.5％～20％、消化能为 10.63 兆焦/千克、粗蛋白与能量比为 56.1：4.18（千克/兆焦），即可满足 3～4 月龄犊牛 800 克日增重的需求。犊牛使用水槽饮水，水槽长、宽、高为200 厘米×30 厘米×20 厘米时可供 6～8 头犊牛使用。也可以采用自动饮水装置。饮水量应为干物质采食量的 4～5 倍，特别是在夏季；冬季要注意水温，不能给犊牛饮冰水。

二、管理

1. 分群与合群　断奶后的犊牛要合群饲养，每群 20～30 头。分群时不能单纯地以月龄划分，还应根据体重、体况加以调整，尽量将食量、体况、体重相似的犊牛合在一群。大型牧场还可以参考母牛的产奶量为犊牛分群，利于育成牛的预期产奶量营养需求和饲料配制。

另外，分群还要注意饲养密度，保证其与采食槽位（图 2-6）、饮水空间、牛床数量相匹配，犊牛头均采食槽位长 45 厘米、饮水位长 30 厘米；有的牛场采取自动饮水设施，既节省空间，减少水分蒸发，又防止水污染，降低劳动强度。另外，牛床数量与犊牛数量也要相匹配。

2. 定期驱虫　包括驱除体内外寄生虫和环境杀蝇。

体内外寄生虫不仅吸食犊牛组织液，争夺犊牛营养物质，破坏

图 2-6　犊牛采食槽

犊牛机体组织，排泄物还会造成犊牛过敏反应和毒害作用；另外，体外寄生虫还会引起瘙痒、干扰犊牛休息、传染疾病，以及导致犊牛患寄生虫病、增加饲养成本等。

　　常用除驱线虫的药物有左旋咪唑、阿苯达唑、伊维菌素、阿维菌素等，使用方法有拌料和注射。

　　驱除绦虫（图 2-7）的药物有吡喹酮等。

　　犊牛还要定期驱除球虫，药物有地克珠利、妥曲珠利等，严格按照药物说明书使用。

　　杀蝇药分两种：一种为杀蛆药物，常用的有敌百虫、马拉硫磷、皮蝇硫磷、灭蝇胺等；另一种为杀成蝇的药物，空间喷雾是比较好的办法，常用的有敌敌畏、氯氰菊酯等。无论哪种驱蝇药都对动物和人有毒性，使用时要注意稀释比例、

图 2-7　牛绦虫

喷洒时间，做好周围物品的遮蔽和操作人员防护。

3. 卫生　牛舍、牛圈要定时清粪、打扫、消毒，牛床要平整、干燥，垫草要定期更换。食槽、水槽每天打扫、清空，然后再放置草、料、水。

4. 巡视　每天巡视犊牛群，及时发现和处理异常现象。对生长发育缓慢的犊牛要调整出群，查找原因，并推理至整个群体，采取防治措施。

5. 防疫和检疫

（1）哺乳期犊牛要注意口蹄疫的防控，4月龄首免，20天后加强免疫，免疫期6个月。

（2）按前期牛巴氏杆菌病灭活疫苗、牛产气荚膜梭菌病灭活疫苗的程序接种疫苗。

（3）放牧牛群或处在山区的牛场要做好焦虫病的防治，需要转场或长途运输的犊牛还要预防传染性胸膜肺炎。

6. 去势　除非因特殊生产需要，如生产犊牛肉等，否则一般公犊牛都要去势，去势的最佳时间是4～8月龄。虽然未去势公犊牛的生长速度快，饲料利用率高于去势公犊牛和母犊牛，但去势后公犊牛温顺，好管理，育肥时能很好地沉积脂肪，改善牛肉风味。

常用的去势方法有手术法、去势钳钳夹法、扎结法、提睾去势法，生产中最常用的方法是去势钳钳夹法和扎结法。扎结法最为简便，将睾丸推至阴囊底部，用橡皮筋尽可能紧地扎紧精索，造成扎结部位以下的睾丸和阴囊缺血、坏死，即能达到去除睾丸的目的。去势犊牛要单独饲养，每天观察阴囊状态，并涂以碘伏，待坏死部分脱落且没有感染、渗液后放回牛群。

7. 刷拭牛体　刷拭牛体不仅能保持牛体清洁，防止寄生虫滋生，而且能促进皮肤血液循环，增强代谢，让犊牛性格保持温驯。目前生产中常用电动的刷拭机，每天2次。

8. 及时诊治　断奶后犊牛易患消化紊乱，多发生在断奶后的几天。巡视人员要观察、统计、腹泻犊牛的数量、症状、粪便形状等，查找原因，及时调整不良管理措施，治疗病情严重的犊牛。

第三章
生产期疾病

第一节　难　　产

母牛分娩过程的三大要素——产力、产道、胎儿，任何一个发生异常，都会使胎儿排出延缓或难于排出，即胎儿排出障碍，造成难产。难产处理不当，会造成母牛产道损伤及胎儿伤残、窒息、死亡等母牛生产期疾病和犊牛疾病。牛是易难产的家畜，发病率约3%。难产是造成围产期胎儿死亡的主要原因之一，实际生产中要求接产或助产人员富有经验并认真对待难产母牛。

一、原因

引起母牛难产的原因分为直接原因和间接原因。

（一）直接原因

有母体性和胎儿性原因，即母体性难产和胎儿性难产。母体原因又分为产力性难产和产道性难产。

1. 母体性难产

（1）产力性难产　母牛营养不佳、发育不全、早产、产双胎、子宫弛缓、低血钙症、全身性消耗性疾病等，都能造成宫缩或努责无力及产力不足，如子宫弛缓、分娩预兆已出现但看不见努责，长久不能排出胎儿，产道检查时胎儿胎势、胎位正常，子宫颈口开放正常，母牛食欲可能也正常，但胎儿产出延缓；产力过大，如努责过强，胎势、胎向、胎位不正或产道狭窄，宫缩和努责时间长、间隙短、力量大，子宫壁肌肉出现痉挛性不协调收缩，过早破水，不能顺利产出胎儿。

（2）产道性难产　母牛初次生产、配种时间太早、个体太小、产道狭窄（骨盆或阴道狭窄）、营养过剩（骨盆有大量脂肪堆积）、骨盆骨折愈合后形态改变、骨盆或生殖道肿瘤、子宫颈口开张不全、子宫捻转、胎膜水肿、双子宫颈、子宫疝等都能造成产道阻碍，延缓胎儿排出。

2. 胎儿性难产　指胎儿过大、双胎、胎儿畸形及胎势、胎位、胎向异常等。

（二）间接原因

有遗传原因、内分泌原因、饲养管理原因、疾病原因。

1. 遗传原因　此类原因往往造成胎儿畸形或死亡，难产具有一定的重复性。

2. 内分泌原因　雌激素和孕酮变化不符合常态分娩需求或激素间比例不平衡，特别是当孕酮下降不完全时会引起产道软化、松弛不充分，影响胎儿娩出。

3. 饲养管理原因　指饲料营养不全如偏颇、过剩，以及母牛运动不足、初产年龄过小等。

4. 疾病原因　由传染病或感染性疾病引起子宫炎、流产、死胎、子宫弛缓等时，死胎、早产、死产多引发胎儿胎势异常。

在所有难产中，最直观和常见的原因是胎儿胎势、胎位不正，胎儿与母牛骨盆大小不适应。生产中要特别重视饲养管理和疾病感染的原因，从根本上解决问题，减少难产的发生率。

二、症状与诊断

（一）一般检查

在做产道检查前，需要全面了解母牛年龄、胎次、产期、产程、全身状况与精神状态等。

初产母牛年龄小，可能骨盆小，分娩过程较缓慢，不易娩出胎儿。不到预产期生产时，胎儿小些，容易娩出，但母牛尾根部及坐骨韧带软化程度较差；超过预产期生产时，胎儿可能较大，不易娩出。了解产程时，需要观察母牛努责的强弱，胎膜是否露出、破裂，胎水是否排出等。

如果胎儿产出期未超过 6 小时，母牛努责不强、胎膜尚未外露、胎水还没排出，尤其是初产母牛，分娩可能还在继续。如果努责无力、子宫颈口开张不全、胎儿通过产道的时间比较缓慢，还可能顺产；如果产期超出正常时限、胎膜已外露、胎水流失，但母牛努责强烈且胎儿尚未排出，可能发生难产。

检查母牛全身状况，需要了解体温、呼吸、脉搏、可视黏膜颜色、精神状态、能否站立等。多数母牛在难产时体温会稍有升高，脉搏稍有加快。母牛特别的姿势也提示一些疾病的发生，如患低血钙症的母牛会出现抑郁和伏卧，颈部弯曲或头向腹部弯曲。如果母牛因体力消耗已不能站立，则应尽早进行手术助产。

（二）产道检查

必须确保不污染、不损伤产道，并做好母牛后躯特别是会阴部位的消毒。工作人员要消毒手臂，戴长臂手套，涂好润滑油。

对母牛进行产道检查时，要关注产道的松软程度、润滑程度、子宫颈口的开张程度、骨盆大小及有无异常。阴道空虚，说明子宫颈口未开；阴道及子宫颈口紧绷且朝一个方向旋转，可能是发生了子宫捻转；盆腔有肿块可能会形成占位，影响胎儿顺利通过；母牛生产时间过久、努责时间过长，常会出现软产道黏膜水肿，致使产道狭窄、干涩、出血。另外，检查时还要关注产道中液体的颜色、包含物及液体有无腐臭味，如果其中含有脱落的胎毛，说明胎儿已经死亡并腐败。

（三）胎儿检查

主要检查胎儿胎向、胎势、胎位、存活情况、大小、进入产道的深浅和前置部位，以及胎膜、胎水情况等。检查方法主要是触摸胎儿的前置部位，掌握蹄（蹄底方向和数量）、腿（前、后腿）、关节、头、肩、颈、背、臀、尾等部位的特点及状态，以确定胎向、胎势、胎位。

生产中，要通过触摸前置部位和蹄的有无与方向，判定胎势是否正常。正常姿势应该是唇与两个前蹄"三件"俱全，且蹄底向下。助产人员在检查胎势的同时还要检查子宫颈口的开张和松弛程度、产道的柔软和润滑程度、骨盆口与胎儿的相对大小等，以判断难产可能发生的概率及难产类型，便于因因施治。

三、治疗

无论判断是哪种原因导致的难产，都不能急于牵拉胎儿，应该快速、准确判定难产类型。

胎儿性难产，先判定难产类型，将胎儿轻推至子宫内，力所能及地纠正异常胎势、胎位、前置部位后再牵拉胎儿。胎儿过大而胎位正常时，要交替牵拉前腿；双胎难产时，子宫容积扩大异常，容易破裂，要小心推回一个胎儿至子宫内，确认胎儿后按顺序逐个拉出，不能挤在一起，以免引发母牛强烈努责。对出现胎儿过大不能拉出、畸形，异常胎势、胎位等情况的，都建议施行手术助产（剖宫产）。

由产力不足引起的难产，在确定子宫颈口完全开张及胎势、胎位处正位的情况下，首先采取牵引胎儿的方法。在不能触及胎儿时，可肌内注射催产素 30～40 单位，同时使用钙制剂。使用催产素 20 分钟后胎儿仍不能娩出时，建议施行手术助产。

产力过大时，可采取掐压母牛背部的方法以减轻努责。如果已经破水，可采用胎儿牵引术，但牵引速度应缓慢，防止子宫内翻。如果没有破水，可以先采取轻度镇静的方法，如灌服 10～30 克溴化钠，减缓母牛努责，然后根据产程助产。

发生子宫捻转时，必须先纠正捻转后再牵拉胎儿。可根据母牛的临床症状、腹痛不安程度、产程和产道检查情况，来判断捻转的程度和子宫血液循环的受阻情况。捻转不超过 90 度的母牛不表现症状，可以借助胎儿校正，如术者将手伸入产道胎儿下侧，握住胎儿的一个可控部位向上反向捻转胎儿，达到校正捻转的目的。如果捻转超过 180 度，由于子宫阔韧带的牵扯和血液循环受阻，故母牛会表现磨牙、摇尾、刨地、出汗、弓腰等疼痛反射，食欲减退或消失、反刍停止。捻转的纠正可采用无创的翻转母体法、剖腹矫正和剖宫产等。翻转母体法有 3 种方法，即直接翻转法、腹壁加压翻转法、产道固定胎儿翻转法。有双子宫颈、子宫疝、骨盆狭窄、阴道狭窄的要采取手术助产。

第二节　围产期胎儿死亡

围产期胎儿死亡指胎儿产出过程中及其生产后不久（产后 24

小时）出现的死亡。离开母体时已死亡的称为死产。据统计，牛围产期胎儿的死亡率为 5%～15%。

一、病因

围产期胎儿死亡的风险存在于产前、产中、产后。产前死亡原因多为疾病引发的死产，产中死亡原因多为由难产引起的损伤和窒息，产后死亡原因多为孱弱和感染。

来自母牛方面的原因有非传染性因素，如年龄过大、营养缺乏（主要是蛋白质、维生素 A、维生素 E 等缺乏）或不全面、严重贫血、难产、窒息、产双胎等；传染性因素有感染链球菌、葡萄球菌、大肠杆菌、巴氏杆菌、沙门氏菌、胎儿弧菌、布鲁氏菌等，引起临产前母牛体温升高，造成死产或产弱胎。

二、症状

母牛严重贫血时，生产过程中努责的消耗，导致胎儿血液二氧化碳分压增高，氧分压降低，出现宫内缺氧性窒息。胎儿窒息和难产在相应章节中讲述。

由传染性原因造成的围产期胎儿死亡因病原不同，症状与诊断方法也不同。例如，布鲁氏菌侵入牛体后，在入侵门户最近的淋巴结被吞噬细胞吞噬，并在吞噬细胞里增殖，进而破坏吞噬细胞并逃逸，进入血液，形成菌血症，造成感染牛体温升高、出汗，可以如此反复多次。此过程中，布鲁氏菌即进入全身组织器官，特别是子宫胎盘、胎儿、胎衣、乳腺、关节、腱鞘、滑液囊、睾丸、附睾、精囊等。进入胎儿绒毛膜上皮时，布鲁氏菌增殖引起胎盘炎，使绒毛膜发生渐进性坏死；同时产生纤维素性脓性分泌物，使胎儿胎盘与母体胎盘分离，引起胎儿营养障碍和病理变化。另外，该菌还可以通过胎衣进入羊水和胎儿体内，引起胎儿病理变化。胎盘炎和胎儿的病理变化可能终止妊娠，发生流产或死产。流产或死产的胎儿，其消化道和肺脏组织中存在大量布鲁氏菌。布鲁氏菌在胎儿绒毛膜和子宫黏膜之间扩散，还会引起子宫内膜炎。

母牛感染布鲁氏菌的潜伏期为 2 周至 6 个月，主要症状是流产。流产可能发生在妊娠的任何时间，常发生在 6～8 月龄妊娠母牛，有的母牛有流产先兆，而有的则没有。流产胎儿多死亡，也有产出活的犊牛，但犊牛存活时间较短或发育为弱犊。母牛流产后会排出污灰色或棕色、恶臭的分泌物，常伴随胎衣不下，污浊分泌物在流产 1～2 周后消失。如不及时治疗，母牛可能会发生慢性子宫炎。如果胎衣及时排出，则母牛会很快恢复，也不影响以后的发情、受孕和生产，可能会再次流产，但比较少见。

初次发病牛群的流产率较高，为 30%～50%，经过 1～2 次的流产后不再发生。但如有新的繁殖母牛加入时，牛群中又会出现妊娠母牛流产。感染母牛所生的犊牛一般为带菌，且体弱、瘦小、易患病，以及因为排菌而对环境造成生物安全的压力。

三、诊断

应根据母牛的临床表现、饲养管理情况、疾病的发生率等调查情况，具体分析、区分传染性与非传染性原因，必要时进行实验室检测。

四、治疗

对于传染性流产，首先要区分传染病类别，依法处置病牛与死胎。其他传染性流产则根据病原，采取相应的消炎和对症治疗措施。对非传染性流产，要从生产管理方面查找原因，增加母牛营养，治疗基础性疾病，减少孱弱犊牛的比例。

母牛发生难产时要及时处置，防止造成犊牛损伤和窒息；对孱弱和感染犊牛要及时治疗，增加营养，防止冷应激，减少死亡率。

第四章
新生犊牛常见疾病

第一节　窒　　息

新生犊牛窒息也称犊牛假死，因呼吸障碍和吸入羊水而发病。

一、病因

主要有以下几个：

（1）母牛产力不足或轻度难产，造成产程延长或胎儿排出受阻。

（2）倒生时脐带在骨盆口受压时间过长、脐带缠绕（如脐带绕颈）受压、子宫痉挛性收缩等，造成胎盘血液循环减弱或停止，使得胎儿暂时得不到足够的氧气，血液中的二氧化碳含量增加，当胎儿血液二氧化碳分压达到一定程度时刺激兴奋呼吸中枢，胎儿过早地出现呼吸行为，吸入羊水。

（3）母牛贫血或大出血等引起的血氧浓度不足，也会引起胎儿缺氧和二氧化碳分压增高，导致胎儿窒息。

二、症状

1. 轻度窒息　也称青色窒息，犊牛四肢无力，呼吸微弱而急促，舌垂于口外，口和鼻腔充满羊水或黏液，可视黏膜发绀，有时张口呼吸，有时呈喘气状。听诊时，心跳和脉搏快而弱，喉及气管有明显的湿啰音，肺部也可听到湿啰音。当犊牛发生轻度窒息时如救治及时，方法得当，则预后良好，但会继发支气管肺炎。

2. 重度窒息　也称白色窒息，犊牛呈假死状，呼吸停止，脉搏很弱，听诊时只能听到微弱的心跳，黏膜苍白，全身松软，反射消失，几乎没有活的体征。当犊牛发生重度窒息时治疗效果不佳，预后不良。

三、治疗

当犊牛发生窒息时，首先要设法排出其呼吸道内的羊水等异物，保持呼吸道畅通。先将犊牛倒提起来，拍打背部，并甩动，最大限度地排出其呼吸道内里的羊水，擦除口、鼻中的黏液，使用干草刺激鼻腔，促使犊牛出现自主呼吸。如果犊牛没有出现呼吸动作，则要快速进行人工呼吸，即将犊牛仰卧于地面，放低头部，拉出舌头，由一人双手捧着胸廓，交替挤压和扩张胸壁；另一人握着犊牛腕关节，屈曲肘关节，配合胸腔的扩张与回缩，将两前肢向外开展和向里压拢。人工呼吸要耐心、持续地进行，有条件的牛场可以进行输氧治疗，直至犊牛出现正常的自主呼吸。也可在采取上述措施的基础上，同时肌内注射或皮下注射25%的尼可刹米1.5毫升，刺激呼吸中枢，恢复呼吸功能。犊牛呼吸动作恢复后还要有专人看护，以防再次出现窒息。

犊牛发生窒息的整个治疗过程要果断、迅速，以快速恢复其正常的自主呼吸。

四、预防

应正确助产，以防本病发生。接产人员应认真做好产前检查和胎儿检测，制定接产预案；如果预计有本病发生，应提前制定治疗方案，明确人员分工，做好准备，快速救治，减少死亡。

第二节　脐　炎

犊牛脐炎指犊牛脐血管及脐孔周围组织的炎症，为犊牛常发病。正常情况下，脐带残段在犊牛出生后 7～14 天会干燥、坏死、脱落，脐孔因结缔组织形成瘢痕和上皮后而封闭。

一、病因

犊牛的脐血管与脐孔周围组织联系不紧，当脐带断后残段血管极易回缩而被羊膜包住，脐带断端在未干燥脱落以前又是致病菌侵入的门户和繁殖的良好环境。接助产时，脐带不消毒或消毒不严，或犊牛互相舔吮，或被尿液浸渍，都会感染细菌而引发炎症。另外，饲养管理不当（如垫草更换不及时）、环境不良（如运动场潮湿、卫生条件较差）等也均可致使脐带感染。

二、症状

犊牛因脐部疼痛常表现弓腰，不愿行走，食欲不佳。根据炎症侵袭的部位和性质，犊牛脐炎分为脐血管炎和坏疽性脐炎。

（一）脐血管炎

病初常不被注意，脐孔周围组织充血、肿胀、发热，有时形成脓肿，脐带残段脱落后脐孔湿润，有瘘孔，可挤出脓汁。随病程的延长，患病犊牛弓腰，不愿行走，时有后肢踢腹动作。触诊脐孔周围质地坚硬，用两手指按捏脐孔可触到小指一样粗的硬固索状物（此为水肿脐带的遗迹），患病犊牛有疼痛反应。

（二）坏疽性脐炎

坏疽性脐炎，又称脐带坏疽。脐带及脐孔周围症状湿润、肿胀，呈污红色，带有恶臭味；炎症波及脐孔周围组织，引起蜂窝组织炎；脐带残段脱落后脐孔处有肉芽组织增生，形成溃疡。有时化脓菌及其毒素还可沿血管侵入肝脏、肺脏、肾脏等，累及内脏器官，形成多器官脓肿（肝脏脓肿、肾脏脓肿等），引发败血症、脓毒血症。患病犊牛表现全身症状，如精神沉郁、体温升高、食欲减退、呼吸及脉搏加快。

三、治疗

治疗原则是消除炎症，防止炎症蔓延和机体中毒，将患病犊牛隔离饲养。病初脐孔周围组织发炎、肿胀，但没有形成脓包时可用碘伏每天涂拭，保持脐孔周围干燥；如果形成脓包，要切开脓包，先用3％过氧化氢溶液彻底冲洗，再用灭菌生理盐水冲洗，填以化腐生肌的药物，周围皮肤使用碘伏涂抹。如果发生坏疽，必须手术切除坏疽组织，切除面积小时使用碘伏冲洗创面，涂以化腐生肌的药物；切除面积大时要施缝合术，以碘伏消毒创口。

为防止感染扩散，可肌内注射抗生素，通常选用青霉素60万～80万国际单位，每天2次，连用3～5天。如果伴有消化系统病症，则加以对症治疗，如内服酵母片或健胃散。同时做好环境消毒工作，防止犊牛互相舔舐。

四、预防

母牛产前要做好产房卫生和消毒工作，要勤换垫草；犊牛断脐时应严格消毒，防止犊牛互相吸吮脐带。常发生脐带感染的产房，地面和墙壁要施行火焰消毒，垫草使用新的，用具等要经过高压消毒或用新的，以彻底消除有害病菌，隔断传染途径。

第三节　脐 出 血

一、病因

胎儿娩出后，脐带血管在前列腺素等激素的作用下，脐动脉因强力收缩而迅速自行封闭，并回缩至脐孔内膀胱尖部两旁。犊牛开始自主呼吸后，主动脉导管关闭，脐静脉压降低，不再有血液通过，随之也关闭，一般犊牛断脐后脐带不再出血。但如果脐动脉收缩不全，或者犊牛孱弱、窒息，致使肺开张不全或无自主呼吸，则脐静脉压持续存在，静脉关闭不全，会造成脐出血。脐出血多为静脉出血，如果接生时施行过脐带结扎，则脐出血很少发生。

二、症状

脐带断端被血液染成红色，有时可以看见血液顺着脐带断端滴下，导致脐带湿润。

三、治疗

隔离患病犊牛。用碘伏消毒脐周皮肤，使用灭菌缝合线（或用碘伏泡过的细绳）紧贴脐孔腹壁皮肤结扎脐带，减少脐带空隙，使血液积聚于脐孔内腹壁下，凝固，达到止血效果。如果脐带断端回缩入腹壁，可采用集束结扎或荷包结扎术，强行闭合脐孔，起到止血的作用。术前要清洗消毒脐孔周围皮肤，术中要做到无菌操作，术后也要严格消毒，防止感染。每天观察创口并消毒，必要时使用止血药物。如果伴有炎症症状，要及时使用抗生素治疗，防止炎症扩散，同时保持脐部干燥。

第四节　脐尿管瘘

脐尿管瘘也称脐部漏尿，即新生犊牛排尿时，从脐带断端、脐孔流尿或滴尿。

一、病因

犊牛出生后脐尿管闭锁不全或犊牛互相舔舐，导致脐尿管断端不闭锁。

二、症状

犊牛排尿时，可见脐带断端、脐孔流尿或滴尿，因经常受尿液浸渍，故脐孔周围湿润、发炎，肉芽增生，久不愈合，在增生创面中心可见漏尿的小孔。

三、治疗

参考脐出血的治疗方法。脐带没有脱落时，可以贴腹壁结扎脐带；脐带脱落后发现有漏尿现象，可采用集束结扎或荷包结扎术。

第五节　脓毒败血症

该病为新生犊牛的极为严重的急性全身感染性疾病，胃、肠、肺脏、脐、关节等器官会受到侵害。

一、病因

引起新生犊牛脓毒败血症的病原有败血型大肠杆菌、链球菌、沙门氏菌、变形杆菌等，有时是单一病菌感染，有时是混合感染。感染途径以消化道为主，也有脐带感染。母牛感染布鲁氏菌或沙门氏菌等可引起胎儿宫内感染，新生犊牛为带菌弱犊。究其原因，应该是环境污染所致，如新生犊牛吞食了污染环境里的阴道分泌物、粪便、污水，舔舐了被污染的垫草、墙壁，吸吮了被污染乳房的乳汁等。犊牛自身孱弱、发育不佳、机体衰弱等，以及机体抵抗力低、防御功能不完善、护理不当也是致病因素之一。

细菌进入消化道后迅速繁殖，释放大量毒素，引起胃肠炎，毒素吸收入血形成毒血症，细菌经由肠黏膜淋巴管进入血液造成菌血症；细菌感染脐带引起脐炎，在脐静脉形成细菌性血栓，血栓破溃后细菌进入门静脉，进一步进入血液循环引起菌血症，并累及全身脏器；有些垂直感染的犊牛出生时即表现败血症症状，有的病例伴有病灶转移。

二、症状

该病发病急，犊牛一般在出生后数小时至 3 天发病。临床上分为最急性型、急性型、转移型、败血型休克。

1. 最急性型休克　感染犊牛仅见高热和急剧腹泻，并迅速衰竭，于发病 1～2 天后死亡。

2. 急性型休克　感染犊牛以发热和腹泻为主，精神沉郁、呆立或蜷缩卧地、呼吸急促、黏膜潮红；粪便稀、恶臭，呈黄色或黄灰色，并带有气泡，病初呈糊样，后呈水样，肛周被大量粪便污染。预后不良，体温下降时处于濒死状态，呼吸微弱、昏迷。犊牛有脐炎时脐周肿胀，在脐带断端可挤出带有恶臭味的脓液。

3. 转移型休克　患病犊牛除有胃肠炎症状以外，还有关节炎和其他器官疾患，外观表现为多肢体关节发生浆液性、脓性、纤维素性炎症，关节肿胀、热、痛，有的有波动感。有的患病犊牛表现脓性鼻漏、痛性咳嗽、胸部触诊疼痛，说明呼吸道或胸腔可能有病灶转移。有的患病犊牛弓背，排尿困难，尿液浑浊，有脓样物，说明泌尿系统可能有感染或脓肿形成。有的患病犊牛表现瘫痪、抽搐、不随意运动或强直，可能中枢神经系统有感染或脓肿形成。

4. 败血型休克　在毒血症、菌血症和脓血症存在时，细菌或毒素侵害机体器官组织微循环，引起急性微循环功能不全、组织缺氧、器官受损。患病犊牛表现为腹泻、发热、寒战、四肢发凉；可视黏膜发绀，有意识障碍，卧地；脉搏弱而快，呼吸深而缓慢；少尿或无尿；有时体温忽然高至 40℃ 以上，而后又骤然降至 37℃。

三、预后

最急性型常于发病后 24 小时内死亡。急性型常于发病 2～3 天后死亡，发病越晚，恶化速度越慢，预后越好。转移型以中枢神经系统和肺脏为多，死亡率也高。关节炎预后较好，但治疗时间较长时治愈后会有关节韧带缩短、关节僵硬等后遗症。

四、治疗

治疗原则是增强机体的抵抗力，处理原发病和转移病灶，控制感染，纠正体液电解质和酸碱平衡，抗休克。

1. 使用抗生素　处理原发病，控制感染，全身使用抗生素，最好在实验室检测病原、药敏试验的基础上合理使用抗生素。有脐带感染时要及时做外科清创处理，关节炎严重时要穿刺吸出渗出液。

2. 增强机体的抵抗力　使用布他磷、维生素 A、B 族维生素、维生素 C。

3. 保持机体的酸碱平衡　纠正体液、电解质和酸碱平衡，抗休克。腹泻病例要根据体重和脱水程度补充循环血量、电解质，纠正酸中毒、抗休克。冬季静脉输注平衡液时需加热，减少冷应激。

4. 中药治疗　如用加减黄连解毒汤，即黄连 20 克、黄柏 15 克、栀子 15 克、黄芩 15 克、蒲公英 20 克、地骨皮 15 克、丹参 15 克、丹皮 15 克、赤芍 15 克。

五、预防

做好环境管理，主要包括产房和犊牛舍，减少有害菌群对新生犊牛的感染。

第六节　便　秘

胎粪由胎儿肠道分泌的黏液、脱落的上皮、吞食的羊水、胆汁等物质经肠道消化后残余的废物组成，比较黏腻，不易排出。犊牛

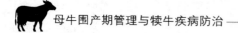

出生后 24 小时没有排出胎粪，或者哺乳后新形成的粪便没有在常规时间排出时，出现由此引发的一系列症状，称为便秘。

一、病因

犊牛出生后没有及时吃到初乳，或因体弱吃不足初乳，且肠道弛缓无力，致使胎粪不能排出。母牛营养不良，初乳分泌不足或品种不佳的母牛初乳欠缺时也会连带犊牛吃初乳不足，引起新生犊牛便秘。

二、症状

犊牛出生后 24 小时内不排粪，表现不安、努责、弓背，有排粪动作但无粪便排出。严重者有腹痛症状，食欲不好，精神不振，有时出汗。直肠检查，可触到较浓稠或干硬的粪块。

三、治疗

治疗原则是促进肠道蠕动，润滑肠道，以缓泻为主。发现便秘时应立即用植物油或石蜡油 300 毫升直肠灌注，或 100 毫升一次内服。同时热敷或按摩犊牛腹部，以促进胃肠蠕动，排出蓄积的粪便。可选用内服中药，即白芍 25 克、番泻叶 15 克、火麻仁 15 克、郁李仁 15 克、枳实 15 克、党参 15 克。

四、预防

保障母牛营养，供给富含蛋白质、矿物质、维生素的饲料，确保初乳的质与量；犊牛生后要及时吃到初乳，对体弱的犊牛要多关注，注意保暖（图 4-1）、饱食，以促进胎粪排出。

图 4-1　做好犊牛保暖

第五章
犊牛消化系统常见疾病

犊牛腹泻是犊牛普遍发生的一种肠胃疾病，有的牛场病死率高达 50%，有的牛场发生率可达 90%，是威胁犊牛健康的主要疾病。养殖规模越大，犊牛因腹泻引起的死亡率往往就越高，50 头、150 头、200～350 头规模牛场的 3 月龄犊牛因发生腹泻而死亡的概率分别为 6.8%、11.0%、21.3%。放牧条件下，犊牛死亡的主要原因有消化系统疾病（20.1%）、呼吸道疾病（22.9%）和难产（19.5%）。犊牛腹泻已成为犊牛培育的关键制约因素，不仅影响牧场的经济效益，而且还具有一定公共卫生风险。

第一节　消化紊乱

犊牛在哺乳期内会有多次饲养方式、饲养场地及食物、生长环境等的改变，每一次改变都可以形成一次应激，如用初乳喂养改为用代乳品喂养、用全乳喂养改为用代乳品喂养、采食开食料、断奶、合群、转群、去角、去势时，食物和饲养系统的改变均会对犊牛的心理和生理产生影响，进而引起免疫状况的改变。消化紊乱主要表现为腹泻、瘤胃臌气、皱胃溃疡、皱胃膨胀等，2～3 周龄犊牛多发。

一、原因与症状

1. 瘤胃功能不全 犊牛从 10 日龄开始补饲固体食物，包括混合颗粒料和干草，环境中的各类微生物（成年牛瘤胃微生物群，如大肠杆菌、沙门氏菌、乳酸杆菌、纤毛虫、真菌、霉菌等）随草料大量进入瘤胃，在其中定殖，发酵固体饲料。此时瘤胃内容物的酸度较成年牛的大，会杀灭部分微生物，有部分微生物驻留瘤胃，还有部分过瘤胃。瘤胃消化固体饲料的功能还不健全，如果淀粉饲料采食过多或食道沟功能不全引起乳汁溢到瘤胃，引起瘤胃内异常发酵、产气、臌胀、酸中毒，犊牛都会出现腹泻。犊牛瘤胃臌气发生的原因可能有瘤胃厌氧发酵内环境不完善、饲料中精饲料比例过大、饮水不足（缺水后突然大量饮水）、乳液漏入瘤胃、瘤胃弛缓等，与成年牛的瘤胃臌气原因不尽相同。过瘤胃的有害菌也可引起犊牛腹泻。

2. 食道沟功能不全 包括不能关闭或关闭不全。功能不全的食道沟，不能将乳汁全部输送到皱胃，部分乳汁会溢入瘤胃，在瘤胃内异常发酵并产生多量气体，引起瘤胃臌气，继而产生全身反应。引起食道沟功能不全和溢乳的原因有母牛乳汁分泌旺盛、射乳量大、乳汁过多，以及犊牛哺乳时发生哽噎、应激性食管沟功能障碍（长途运输、牛奶或代牛乳温度过低、奶桶位置太低）等。

3. 凝乳不良 凝乳不良可能发生在用代乳品替代初乳或全乳时，有些犊牛不能产生足够的消化酶来消化其中的脂肪、碳水化合物和植物性蛋白质，或代乳品稀释比例不合理、太凉。凝乳不良的食糜进入肠道后，肠道不能消化的酪蛋白等全乳会在其中发酵、腐败、吸收不良，进而引起犊牛腹泻。

4. 换料应激 对犊牛来说，新固态饲料的摄入是新的事物，会增加机体的应激适应。有些犊牛会回避新饲料，患异食癖。食物的改变会诱导消化道酶分泌系统的改变，以调节消化功能。在完全适应变化前，胃肠道会出现保护性腹泻，以排出不能消化吸收的营养物质。

5. 微生物入侵 当环境卫生差、饲料质量差时，过量的微生物或有害微生物进入瘤胃和皱胃（如霉菌）。在发生皱胃溃疡和皱胃膨胀的死亡犊牛剖检中发现，溃疡面都存在真菌菌丝，霉菌可能是导致犊牛皱胃溃疡持续存在的主要原因。

6. 开食料配比不合理 精饲料过多，出现瘤胃酸中毒，或未消化的高含量淀粉食糜进入皱胃，或大的未充分消化的粗糙干草进入皱胃，或因犊牛舔舐被毛，形成的毛团进入皱胃，引起皱胃渗出物增加、内容物过量、液体增多、pH 上升（5～7）、细菌数量增多、有害菌（葡萄球菌、芽孢杆菌等）增殖等，这都能导致皱胃臌胀、膨大、溃疡。

二、治疗

1. 去除致病因素 引起犊牛消化紊乱的因素多样，临床表现多样，症状一般都不太严重，容易被忽略。但群体发病时犊牛健康受损面大，会造成饲料和医疗资源浪费，抬高饲养成本。出现群体性或过往同月龄犊牛出现同类症状时，管理者应该查找原因。去除可能的致病因素，观察临床症状的改善情况。有时犊牛的病态不是一个原因引起的，可能会有多个因素综合作用，需要逐个尝试，不断积累经验。

2. 对症治疗 临床症状没有改善时要对症治疗，如犊牛发生腹泻时可禁食1天，参考本章"腹泻治疗原则"使用黏膜保护剂、止泻药；瘤胃臌气严重的可采取瘤胃穿刺放气并注入 75% 酒精 10～20 毫升，可灌服鱼石脂等；精饲料过量饲喂可口服 10% 碳酸氢钠，也可用中药治疗，即党参 20 克、白术 15 克、茯苓 15 克、焦山楂 15 克、神曲 15 克、炒麦芽 15 克、炙甘草 15 克。

三、预防

（1）给新生犊牛初次喂开食料时要仔细引导，将料擦在其鼻镜上任其舔舐，使其逐步适应新饲料。

（2）要用优质牧草，避免使用坚硬、劣质的稻秸、玉米秆等。

（3）无论是饲草、垫草还是颗粒料要保证质量，力求营养配比合理，防止污染、细菌菌群超标和霉变。

（4）保证饮水充足和清洁。

（5）长途运输的犊牛到场后，一定先给其饮用温的电解质溶液，以抗应激，恢复食道沟功能，防止乳液漏入瘤胃，避免引起瘤胃臌气。

（6）使用代乳品时要采取逐渐替代的方法，代乳品要按说明书的要求稀释混合，在 38℃温度下饲喂。

（7）细化犊牛饲养管理流程，如准确测量奶温、禁止用低温奶喂食犊牛；改变奶桶位置，不能因奶桶位置不合理使犊牛出现食道沟关闭不全，等等。

（8）圈舍环境要保持清洁，按时消毒环境。

第二节　消化不良

消化不良是哺乳期犊牛肠胃消化机能障碍的总称，主要特征是有明显的消化机能障碍和不同程度的腹泻。就临床症状和病理过程不同，犊牛消化不良分为单纯性消化不良和中毒性消化不良。前者表现消化和吸收的急性障碍及轻微的全身症状，后者表现严重的消化障碍、明显的自身中毒和剧烈的全身症状。中毒性消化不良多数是因为单纯性消化不良没有得到及时救治或救治方法不当，致使肠道内容物腐败、发酵所产生的有毒物质或细菌毒素被吸收，引发自体中毒的结果。消化不良一般没有传染性，但与饲养管理密切相关，可能群发。消化不良也可以是一些传染性腹泻的一个症状，应加以甄别。

一、病因

牛场引起犊牛消化不良的很大一部分因素是管理不善，涉及以下 7 个方面。

1. 母牛营养不良 妊娠母牛营养不良，特别是在妊娠后期。一方面是所生犊牛营养不良、吮乳反射出现晚、吸吮能力差、抵抗力低下。另一方面是母牛产后分泌初乳时间晚、量少、质差，其中的白蛋白、球蛋白、维生素（维生素 A、B 族维生素）、脂肪、溶菌酶等缺乏，甚至分娩后很快停止分泌乳汁，致使犊牛得不到足够的初乳，且日常不能饱腹。这样的母牛所生犊牛也可能因为饥饿而舔食异物、污物，致使肠道有害细菌滋生，有益菌（乳酸菌）增殖受限，很容易患消化不良乃至患传染性肠道疾病。

2. 乳源带菌 母牛患乳腺炎，带菌的乳汁诱发犊牛消化不良，甚至引起感染性腹泻。

3. 哺乳不规范 人工哺乳奶犊牛时操作不规范，做不到"五定"，特别是当量不定、饲喂随意性大、奶温不稳等时更易引起消化不良。

4. 饲养密度不合理 饲养密度大，犊牛得不到很好的休息，造成抵抗力下降。

5. 受湿冷应激 冬季环境温度太低，没有垫草或垫草潮湿而得不到及时更换，引起湿冷应激反应。

6. 卫生环境差 粪便清理不及时，环境卫生差，特别是潮湿、空气污浊、氨气超标的环境更是增加了犊牛感染有害微生物的风险。

7. 有运输应激 长途运输使犊牛处于应激状态，休息不好、食欲不佳、抵抗力下降。

二、症状

1. 单纯性消化不良 初期犊牛精神状态较好，食欲正常，反应敏捷，喜欢跑动玩耍，粪便一般呈黄色或深黄色的糊状，后躯沾的粪便较少。病情发展后，患病犊牛出现精神不振、喜卧、食欲减退、腹泻，粪便呈粥样、水样，颜色逐渐由黄色、深黄色变成暗绿色，后躯及尾根沾满粪便，体温正常或低于正常；有的犊牛有轻微的胀气、腹痛，心率、呼吸加快。如果没有得到及时救治，腹泻加重，患病犊牛会进一步出现脱水，导致皮肤弹性降低、被毛粗乱、眼窝下陷，行动迟缓、无力、卧地，进一步出现休克、抽搐、昏厥，甚至死亡。

2. 中毒性消化不良 有的犊牛精神抑郁、目光呆滞、不吃、站立不稳或躺卧于地，对外界刺激的反应减弱；有的犊牛战栗、抽搐，体温升高或降低，排水样粪便，内含有黏液和血液，腥臭，机体脱水，心音弱，呼吸浅表。中毒性消化不良的患病犊牛病情发展迅速，治疗不及时往往预后不良。

三、治疗

单纯性消化不良的犊牛无需治疗，改善饲养管理条件后1～2天就会恢复正常，但需要密切观察。由应激因素造成的抵抗力下降时，犊牛可能会继发其他疾病。

（1）改善饲养环境，给患病犊牛提供温暖、干燥、清洁的栏舍，最好单独饲养。

（2）缓解肠道刺激，清理肠道，给患病犊牛提供温的盐水，以排出肠道粪便，补充水分和电解质。

（3）保护肠道黏膜，如口服鞣酸蛋白、次硝酸铋片等；制止肠道异常发酵、腐败，如口服乳酸、鱼石脂等。

（4）促进消化，使用一些消化酶，如胃蛋白酶、胰蛋白酶、维生素 A 与 B 族维生素等。

（5）增加肠道有益菌，如酵母、乳酸菌、双歧杆菌等的数量。

（6）患母源营养性的消化不良时，要改变母牛的饲养方式，给予全价饲料，增加营养，治疗乳腺炎，同时给患病犊牛使用代初乳、代乳品、代乳料。对中毒性消化不良的犊牛，除使用单纯性消化不良的治疗方法外，还要静脉输注平衡液，治疗脱水、解除毒素、平衡电解质和酸碱度，防止休克。也可使用中药治疗，即党参20 克、炒白术 15 克、茯苓 15 克、炒枳实 15 克、陈皮 15 克、神曲15 克、炒麦芽 15 克、炙甘草 15 克。方法参照本章"腹泻治疗原则"。

第三节　断奶应激综合征

一、病因

1. 瘤胃发育不全　2 月龄犊牛的瘤胃发育还不完全，瘤胃内容物的酸度较成年牛的大，微生物种群不完善、不稳定，且数量不足，不能产生足量的微生物蛋白。断奶即切断了液态高蛋白饲料（牛奶或代乳品）的供应，犊牛专食固态的开食料和牧草，需要适应和彻底调整消化功能。牛奶或代乳品和固体食物的性状、形态、气味、口感等存在差异，营养物质种类也不同。

2. 母子分离应激　母牛带犊模式中犊牛还存在与母牛隔断联系带来的心理压力。由断奶引起的一系列心理和生理压力会影射到犊牛的饮食、消化、精神等方面，引起一系列的症状，如精神紧张、食欲下降、饮欲增加、生长速度降低、腹泻或消化不良等消化功能紊乱，甚至发育受阻、被毛杂乱、诱发疾病等，这一系列症候群即为断奶应激综合征。更早断奶或突然断奶产生的应激更大。

3. 内分泌影响　母子联系隔断会使犊牛精神紧张，出现内分泌的改变，最初是肾上腺激素分泌加速，犊牛表现急切、张望、游走、哞叫、食欲下降、饮欲增加、心率加快。在长时间突发隔离情绪没有得到缓解时，肾上腺皮质分泌类固醇激素（肾上腺皮质激素）增加，出现免疫抑制，犊牛抵抗力下降、食欲不佳、消化功能和抗病能力下降。另外，断奶应激还可以引起中性粒细胞和淋巴细胞比值升高，突然断奶比逐步断奶引起的变化更大。

4. 采食量影响　饲料性状的改变会影响采食量，采食量是反应犊牛健康状态的一个重要指标，采食量不足不仅满足不了犊牛的营养需要，而且还会影响瘤胃发育和肠黏膜绒毛健全，改变瘤胃中挥发性脂肪酸的浓度和组成。

5. 饲料质量因素　饲料营养物质成分的改变，使胃肠道适应性地改变了原有消化酶的分泌种类和活性，以及能量和蛋白质代谢，导致消化功能紊乱。如果饲料主要由低质量的草料组成，多含纤维素，不易消化，粗蛋白和易消化的含碳物较少，犊牛血糖和血清蛋白偏低，犊牛会由于饥饿而采食大量草料，出现瘤胃膨大。这时瘤胃发酵速度下降，犊牛消瘦，体况不良，被毛蓬乱；但腹部底部膨大，几乎左右对称，瘤胃收缩速度缓慢，触诊有触压"面团"感，即形成瘤胃嵌塞，在饮水不足特别是饮水槽长度不足时表现得更明显，常会看到瘤胃嵌塞的犊牛，由瘤胃嵌塞导致的瘤胃弛缓会进一步诱发瘤胃膨气。

6. 管理不善　管理不善会导致消化紊乱。当饲料中的营养物质配比不合理（精饲料过多）、饲料质量不达标（细菌和霉菌超标、变质、冰冻等）、环境卫生不合格及出现瘤胃嵌塞等时，容易引发断奶期犊牛腹泻等消化紊乱现象，有的犊牛慢性腹泻会持续 1 个月之久。生产实践中，群体饲养的断奶犊牛腹泻的发生率比单独圈养的高，饲喂颗粒饲料的断奶犊牛比粗饲料加混合饲料饲养的发病率高，做好环境的清洁、消毒工作会减少发病率。

7. 其他　对于一些慢性腹泻病例，笔者尝试在饲料中添加抗球虫药（每吨饲料添加 6％癸氧喹酯预混剂 450 克），让犊牛自由采食 14 天，能改善症状并提高犊牛的日增重。可见球虫在犊牛中普遍存在，感染犊牛呈亚临床状态，虽然粪便中能明显检测到球虫卵囊的机会很少，但当有断奶等应激因素存在时会起到推波助澜的作用。有些腹泻病例会自我痊愈，不同牛场断奶犊牛腹泻的发病率、痊愈的快慢和对犊牛的影响有赖于管理水平的提高，如按时彻底清洁和消毒圈舍则会降低发病率、缩短病程、促进患病犊牛康复。

二、预防

1. 断奶要循序渐进　在计划断奶的适应期内（一般为 10 天），牛奶的饲喂量和饲喂次数要逐渐减少，让犊牛不限量地自由采食开食料；逐渐减少母子见面和哺乳次数；犊牛断奶后尽量不合群、不转群，在原圈饲养 1 周，以安抚犊牛情绪，缓解由于母子分离而带来的压力，使犊牛以最小的变数适应断奶。

2. 保证饲料质量　根据犊牛的营养需要配制饲料，以高质量非消化性饲料（鱼粉、亚麻籽粉等）在断奶过渡期替代牛奶或代乳粉中的非消化蛋白，满足犊牛的营养需要。实践证明，使用高质量的饲料饲喂断奶犊牛具有明显的经济效益，可使犊牛尽快适应断奶，缓解断奶压力，减少疾病发生，提高成活率，保证日增重，为后期生产性能的发挥打好基础。必要时，饲料中可添加犊牛专用有益微生物，提升瘤胃微生物种群和数量，帮助断奶犊牛适应饲料的改变。

3. 保证饮水清洁、充足 2月龄犊牛头均水槽长35厘米，宽、深大于30厘米、20厘米。

4. 保证环境、设施洁净 按时清理圈舍、食槽、水槽等设施，并对其消毒，同时也对环境进行消毒。

5. 禁止断奶过渡期出现应激 禁止在断奶过渡期对犊牛进行去势、去角、疫苗接种、买卖、运输等。

第四节　腹泻发病机理

犊牛消化道是一个有大量液体存在并流动的动态系统，80％的液体来自消化道的分泌，20％的液体来自饮食摄入。正常情况下，消化道内的液体95％的水分可被消化道再吸收。液体分泌与吸收保持动态平衡，平衡被打破即会造成腹泻，发病机制有以下几种：

一、分泌增加

致病微生物或其分泌的毒素等破坏肠绒毛上皮，使之损伤脱落，形成创面，漏出组织液，损伤的肠绒毛上皮在修复过程中新生细胞分泌功能旺盛，超出了平时的分泌量。另外，毒素还可以改变细胞膜的酶结构，引起肠绒毛上皮细胞对钠离子的吸收量减少，对氯离子和水的释放量增加，造成肠内容物增加、变稀。可能的致病因素有细菌、毒素、体液神经因子、免疫炎性介质以及误食去污剂（胆盐、长链脂肪酸）、通便药（蓖麻油、芦荟、番泻叶）等。

二、吸收减少

致病因子造成肠壁发生形态学改变，或肠黏膜发育障碍，或吸收面积减少，或吸收功能减弱，或吸收单位减少，引起肠道水和电解质离子重吸收减少。有些毒素（如大肠杆菌分泌的耐热或不耐热肠毒素）还可以阻断水分吸收，致使肠道水和离子吸收减少的致病因素有先天性吸收不良、手术切除后肠管变短、毒素引起的肠黏膜充血水肿、肠道损伤后形成的瘢痕等。

三、渗出增加

致病因子造成肠绒毛上皮细胞损伤（肠绒毛坏死、脱落、变短），通透性增加，组织液静水压降低造成液体在肠绒毛上皮细胞间渗漏，水、血浆及血细胞等血液成分从毛细血管中渗出，引起肠内容物增加，有时还混有血液成分。

四、渗透压增加

致病因子或毒素破坏成熟的肠绒毛上皮细胞，造成半乳糖酶缺乏，加之过小的犊牛其结肠中的微生物种群尚无完全建立，不能酵解乳糖和半乳糖，使得由牛奶中的乳糖分解成的半乳糖不能被进一步酵解，肠内容物的渗透压升高，从而潴留水分。乳糖、半乳糖又是细菌的理想养分，因此会使细菌大量增殖，又进一步加剧了肠黏膜的损伤。另外，过食性瘤胃酸中毒也会引起肠道渗透压增加。某些药物就是利用增加肠道渗透压来治疗便秘的，如硫酸镁、硫酸钠、甘露醇等。

五、肠蠕动增加

刺激性的食物、肠内容物增多、炎症分泌物等，都会引起肠道反射性蠕动增加，缩短肠内容物在肠道的停留时间，减少肠内容物与肠绒毛的接触时间，影响食糜吸收，增加排粪量。某些药物就是根据该原理增加胃肠动力的，如治疗肠胃弛缓和胃肠动力不足的药物西沙必利、吗丁啉、四磨汤等。

腹泻有时并非由单一机理造成的，可能会是多因子综合作用的结果。例如，由致病性大肠杆菌引起的腹泻，细菌黏附破坏肠绒毛上皮细胞，分泌细胞毒素造成绒毛完整性破坏，体液及血液渗出，吸收不良，肠道食糜不能被充分吸收而引起肠内容物渗透压增加，潴留水分，肠隐窝上皮在肠绒毛上皮被破坏后快速生长，新生细胞又具有强的分泌能力，分泌大量水、离子、蛋白质等。

六、引起腹泻的原因

（一）病原微生物

引起犊牛腹泻的病原微生物有大肠杆菌、沙门氏菌、空肠弯曲杆菌、副结核分枝杆菌、产气荚膜梭菌、轮状病毒、冠状病毒、诺如病毒、星状病毒、肠病毒、隐孢子虫、球虫等。

（二）管理不当

1. 环境　妊娠母牛生活环境脏、乱、差，易患乳腺炎，犊牛出生易接触超量有害微生物。

2. 母牛管理不当 妊娠母牛营养不足、营养不平衡，缺乏运动，乳房健康欠佳，所产初乳不足、质量差，所产犊牛可能发育不良、体弱、抵抗力低下。

3. 犊牛管理不当、护理不佳 具体有：犊牛出生环境潮湿、寒冷、有贼风、少阳光，夏季闷热、拥挤，垫草不洁、有污染，喂养不定时、不定量，栏圈和用具不消毒，初乳质量差、常乳不消毒，更换饲料和饲养方式突然等。

4. 犊牛大群饲养 饲养群体越大，犊牛患腹泻病的概率就越大，可能与环境不能得到彻底清洁和净化有关。多牛的生长环境可能遭到球虫、蠕虫、病原微生物、粪便污染而不易清洁；另外，多牛环境还会出现犊牛互相舔舐脐带、耳朵、被毛，食入的牛毛在胃内形成毛团，引起消化不良，甚至堵塞幽门。

5. 饲料因素 比如，断奶犊牛饲料中的植物性蛋白质含量超标，随着蛋白质含量的提高，犊牛腹泻发病率、腹泻频率也有所提高。

6. 其他各种应激因素 比如，由长途运输、恐吓、恶劣天气（突发的热、冷）等引发的消化紊乱。

第五节 常见腹泻

引起犊牛腹泻的致病因子有病毒、细菌、寄生虫、饲养管理等，病毒主要有轮状病毒、冠状病毒、星状病毒、环曲病毒、诺如病毒、纽布病毒、嵴病毒、鼻气管炎病毒、肠病毒等，细菌主要有大肠杆菌、沙门氏菌、弯曲杆菌、产气荚膜梭菌、副结核分枝杆菌等，寄生虫主要是隐孢子虫、球虫等。饲养管理在犊牛腹泻发生中也起到很重要的作用，突发应激因素有运输、天气忽冷忽热、有贼风等。

一、轮状病毒病

1. 病原　牛轮状病毒感染是由轮状病毒属成员引起的急性肠道传染病，多发生于1周龄以内的新生犊牛，以腹泻和脱水为特征。

2. 流行病学　轮状病毒是呼肠孤病毒科成员，有多个血清型和血清亚型，各血清型间存在共同抗原和交叉感染，但抵抗力（抗体）是特异的，对异种抗原的交叉反应很弱。血清型A、B、C会引起犊牛腹泻。轮状病毒无囊膜，对热、有机溶剂、非离子型去污剂有较强的抵抗力。

发病毒牛和隐性感染带毒牛是主要的传染源。本病潜伏期为15小时至5天，犊牛发病第2天即开始排毒，发病高峰出现在10～14日龄。随粪便排出的病毒可以长期存在于被污染的环境、饲料和饮水中，经粪-口传播。由轮状病毒引起的疾病的严重程度与毒株毒力、病毒数量、母源抗体水平有关，感染犊牛的日龄、饲养密度和有无其他肠道病原合并感染会影响病程、症状和转归。污染牛场新生犊牛的感染率很高，可达50%～100%。如单独感染则症状较轻，4天即可康复；如合并感染致病性细菌，则病程延长，症状因合并病原的不同而异。本病传播迅速，多发生在秋、冬季，与寒冷、潮湿、不良的卫生环境有密切关系。

3. 病理变化　病毒吸附在肠绒毛顶端表面，破坏成熟的肠绒毛上皮细胞，使细胞变性脱落，肠绒毛发育障碍，肠隐窝上皮细胞（方形）快速生长以替代肠绒毛顶端的柱状细胞。虽然新生细胞对轮状病毒具有一定的抵抗力，但缺乏半乳糖酶类和葡萄糖耦合的钠-钾ATP酶的转运活性。这些新生细胞的分泌性强，导致肠绒毛吸收不佳，易引起消化不良，肠内容物渗透压增加，出现腹泻。造成水、电解质损失，严重病例因体液和重碳酸盐丢失导致代谢性酸中毒。病变从空肠一直蔓延到回肠。肠壁菲薄，半透明状，肠内容物呈液状，为灰黄色或灰黑色，肠系膜淋巴结肿大。由轮状病毒引起的肠绒毛上皮细胞损伤有利于大肠杆菌等病原微生物附着和增殖，引起合并感染。含有母源抗体的初乳所形成的局部免疫能保护犊牛免受感染，在一定程度上决定轮状病毒的感染风险和严重程度。含高水平母源抗体的初乳可以建立高水平的体液循环抗体水平，体液抗体本身不能保护犊牛免受感染，但部分抗体可再分泌回肠道，增强局部免疫保护。

4. 症状 感染早期，患病犊牛轻度沉郁，流涎，不愿站立和吸吮，腹泻，粪便呈灰黄色到白色的酸乳状，不含血，直肠温度正常或略有升高。随着病程的延长，患病犊牛脱水（眼球下陷、皮肤干燥且弹性降低等），虚弱，卧地，体温下降，四肢末端发凉，如不及时救治可能在 72 小时内死亡。疾病的严重程度和犊牛的死亡率受多种因素的影响，如免疫水平、病毒类型、病毒感染量、是否存在应激和合并感染等。感染单一的轮状病毒时患病犊牛可自行痊愈，少有症状严重者。但生产中这种情况较少，更多的则是合并或继发其他病原感染。

5. 诊断 临床可根据牛场过往病例、流行病学、发病日龄和症状等做出初步诊断。由于该病没有特征性的临床表现，故确诊则需进行病毒分离鉴定或用 PCR 法检测抗原，阳性即可确诊。粪便样本需在犊牛发病和腹泻 24 小时内采集，建议同时检测其他病毒、致病细菌和隐孢子虫、球虫，以便治疗时采取相应措施。

6. 治疗 患轮状病毒病时没有特异性的治疗方法。根据该病的病理，严重病例可予以输液等扶持疗法，纠正机体水、电解质、酸碱紊乱，增加营养等。口服补液方法的作用不佳，保护肠黏膜是必要的，可以断食 24 小时。也可服用中药，如党参 20 克、茯苓 15 克、白术 15 克、山药 15 克、白扁豆 15 克、莲子 15 克、薏苡仁 30 克、砂仁 15 克、桔梗 15 克、炙甘草 15 克等。

7. 预防　预防该病应提高母牛的免疫水平，以此提高初乳中的中和抗体含量，使哺乳犊牛获得高水平的循环抗体和肠道黏膜局部免疫保护。不能混群饲养，要有专门的犊牛饲养区域和圈舍。

二、冠状病毒病

1. 病原　牛冠状病毒感染是由冠状病毒引起的消化道传染病，新生犊牛和成年牛多发，以排乳黄色或淡褐色水样粪便为特征。

2. 流行病学　冠状病毒科病毒个体较大，是一个线状、单股、正向 RNA 病毒。有囊膜，囊膜上镶嵌的王冠样膜粒由一个大的三聚体糖蛋白（称为纤突蛋白或 S 蛋白）组成（图 5-1）。冠状病毒变异速度快，导致变异株不断出现。冠状病毒亚科中的牛冠状病毒和环曲病毒亚科中的牛环曲病毒，不仅是引起犊牛腹泻的重要病原，还是引起牛呼吸道疾病的复杂病因之一。犊牛感染高峰出现在 7～21 日龄，潜伏期 20～30 小时，经粪-口传播。冠状病毒对热、脂溶剂、甲醛、氧化剂、非离子去污剂均敏感。

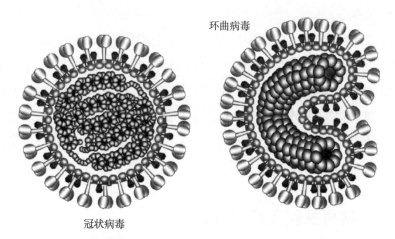

环曲病毒

冠状病毒

图 5-1　冠状病毒（N. James Maclachlan，2017，《兽医病毒学》）

3. 病理变化 冠状病毒可以在犊牛的呼吸道上皮复制，并感染消化道上皮。感染后有症状的犊牛和持续感染而无症状的犊牛和母牛的存在，会使病毒在牛场长期存在。病毒复制能损坏小肠和大肠上成熟的上皮细胞，具有溶细胞性，严重病变出现在回肠、盲肠、结肠，导致犊牛出现吸收不良性腹泻。

4. 症状 严重的急性腹泻病例，粪便呈水样，可引起机体快速脱水、酸中毒，比由轮状病毒引起的腹泻更严重、粪便更稀、脱水和酸中毒更迅速，食欲下降、吸吮反应和能力下降，渐进性出现沉郁、肌肉无力。由于病变波及结肠，故粪便中的黏液明显比病变局限于小肠的产肠毒素的大肠杆菌和轮状病毒感染的病例要多。症状和严重程度与犊牛感染冠状病毒的日龄、管理方式、气温、圈养密度、有无合并感染其他病原有关。冠状病毒破坏的肠黏膜会感染肠道条件性致病菌，进而出现相关症状，有时会掩盖冠状病毒感染。

5. 诊断 确诊需要分离到病毒或 PCR 检测呈阳性。急性病例的粪便是很好的检测样本，以 24 小时之内的腹泻样本最好。因为冠状病毒具有溶细胞性，所以当肠绒毛上皮细胞被破坏后其很快从组织中消失。

6. 防治 冠状病毒感染可导致消化和吸收不良，同时结肠炎会导致蛋白损失严重。发病时没有特异性的治疗方法，对症扶持治疗显得很重要，需要静脉补充水、电解质、营养物质，纠正酸中毒，体温升高时使用抗生素可以治疗和预防继发细菌感染。也可以内服中药，如猪苓 20 克、茯苓 15 克、泽泻 15 克、阿胶 15 克、滑石 30 克、车前子 20 克等。

三、病毒性腹泻/黏膜病

1. 病原 牛病毒性腹泻/黏膜病是由牛病毒性腹泻病毒引起的

牛接触性传染病，临床上以黏膜发炎、糜烂、坏死和腹泻为特征。

病毒性腹泻病毒，又称黏膜病病毒，属黄病毒科瘟病毒属成员，有囊膜，是单股正链 RNA 病毒。分为 1 型和 2 型基因型，1型为经典分离株（从牛群中分离），2 型为非经典分离株（从牛、羊、猪群中分离）。在细胞培养物中，根据是否引起细胞病变的特征分为细胞病变型和非细胞病变型两种生物型。从牛群中分离的经典株最常见的生物型是非细胞病变型。两个基因型均有细胞病变型和非细胞病变型，两种不能交叉保护，在牛感染恢复期会发生交叉感染，可使牛出现急性感染和持续感染，有些毒株可以发生变异，在两个生物型间转换。病毒性腹泻病毒可以引起牛的病毒性腹泻、黏膜病和呼吸道黏膜损害，病毒可以突破胎盘屏障感染胎儿，胎盘传染的结果取决于胎儿感染时的胎龄。牛病毒性腹泻病毒对呼吸道也具有致病性，在患呼吸道病的牛的下呼吸道也能分离到，被认为是"呼吸道病毒"，具有明显的肺致病性，但不引起主要的呼吸道疾病。

2. 流行病学　非细胞病变型病毒是主要致病型，在黏膜性疾病的自然发病病例中常有细胞病变型病毒被分离出来。这是因为在非细胞病变型病毒感染后，机体的抗体水平降低，合并体质差时又感染了细胞病变型病毒。由病毒性腹泻病毒感染引起的慢性疾病称为黏膜病，持续感染的牛是危险的传染源。持续感染的牛对同源毒株具有免疫耐受性，对异源毒株敏感，感染后会发生严重的病毒病。病毒以溶胶小滴的形式存在于牛鼻咽分泌物、尿、粪便、乳汁、精液中，通过这些分泌物和排泄物排出体外，还可以分布于血液、脾脏、骨髓、肠系膜淋巴结、妊娠母牛的胎盘组织中。感染初期，牛在很短的时间内排毒，通过分泌物和排泄物将病毒传染给其他易感牛，成为重要的传染源。隐性感染牛和康复后带毒牛也可以成为传染源，经口-鼻传播。病毒的初始复制在口、鼻黏膜细胞中，随后进入血液，形成病毒血症，将病毒传播至全身靶器官。各种年龄的牛均易感，以 6～18 月龄感染居多，新疫区急性病例较多，发病率约 5%，病死率达 90%～100%；老疫区急性病例较少，但隐性感染率约 50%。犊牛后天感染发病温和或无症状，但妊娠母牛的感染会使情况变得复杂。

（1）接触感染的精液可阻止胚胎定殖或引起胚胎死亡，妊娠初期 40 天母牛感染病毒后胚胎会死亡，母牛会不孕，但母牛产生抗体后则妊娠正常。生产中确保精液里不存在非细胞病变型病毒很重要。

（2）妊娠 40～120 天母牛感染非细胞病变型病毒后会流产，胎牛也会感染。这时胎儿的免疫能力还未发育完全，不会产生抗体，会发展为免疫耐受，可能持续性感染，后果有以下几种：出生时正常，成年后仍正常，但持续排毒。在 6～24 月龄时，可能非细胞病变型与宿主细胞或其他非细胞病变型发生基因重组，显现细胞病变型毒株的感染。这种细胞病变型毒株与固有的非细胞病变型毒株具有同源性，不能被免疫系统清除，病毒的存在导致全身广泛损害和黏膜病，细胞病变型毒株对肠道相关淋巴组织具有偏嗜性。持续感染牛如果二次感染毒株与上次感染毒株的抗原性不同（异源），免疫系统可能会产生免疫力，清除病毒；如果二次感染同源性病毒，病毒将此作为自身物质，具有免疫耐受性。外源性毒株与原有的非细胞病变型毒株重组后会产生新的细胞病变型毒株。持续感染牛再次感染细胞病变型毒株时会引起急性、亚急性或慢性病毒性腹泻。

（3）妊娠 90～180 天母牛感染非细胞病变型病毒后，胎牛会发生先天性异常，如小脑发育不全、白内障、视网膜变性、短颌、积水性无脑等，同时会发生持续感染。

（4）妊娠 180 天以上母牛感染非细胞病变型病毒后，有的可以产生循环抗体，有的会发生流产，所产胎牛带有初乳前抗体的则不引起持续感染。

3. 症状 症状多样，但在一个牛群中的一个时期一般不出现多种临床症状，比较典型的是出现一组特征型症状。兽医不应低估病毒性腹泻病毒毒株的多样性、致病形式的多样性，以及由感染引发的多种临床症状的能力，如血小板减少症、特异性先天性异常、流产、胃肠道症状、呼吸道症状等。

（1）急性型　循环抗体阴性的犊牛或成年牛感染一些毒株后，可能出现发热（40.5～42.2℃）和腹泻等典型症状，发热与沉郁一般出现在腹泻的前2～7天，且表现双相热。感染犊牛首次发热数日，之后体温恢复正常，5～10日再次出现第二次发热。之后会出现腹泻、消化道糜烂，粪便由松软到水样，有的出现黏液和血液，大量腹泻和炎性粪便刺激直肠会引起里急后重。30%～50%的感染犊牛出现口腔糜烂，表现流涎、磨牙、厌食。因发热而出现呼吸急促（40～60次/分钟），肺听诊正常或有轻度支气管水泡音。如果没有继发细菌感染，则肺部症状很轻微。糜烂部位包括鼻镜、口腔、口角乳头、门齿的齿龈、舌腹面等。严重病例会因血小板减少而出血（便血），严重腹泻时会引起脱水、体液电解质和酸碱失衡、蛋白丢失，甚至并发或继发其他病原感染而死亡。

（2）持续性感染　牛一直存在病毒血症，但抗体水平低甚至没有抗体。持续性感染牛如感染异源性毒株可能会发生致死性（急性）和黏膜病（慢性），或可以产生抗体。

（3）免疫抑制　持续性感染犊牛会因为细胞免疫功能下降而感染其他病原（大肠杆菌、沙门氏菌、轮状病毒、冠状病毒、球虫、巴氏杆菌、鼻气管炎病毒、合孢病毒等），并表现出相应疾病。在任何时候，当疾病的严重程度、发病率、死亡率超过了所鉴定出的病原引起的疾病发病情况，且使用敏感药物（抗生素等）治疗没有收到应有的临床效果而又有黏膜损伤的，应该高度怀疑病毒性腹泻病毒感染。

（4）黏膜性疾病　一般发生在6～18月龄的青年牛，有发热、腹泻、口鼻糜烂史，体重减轻，尸检时可见口腔、食管、皱胃、小肠的集合淋巴结、结肠出现卵圆形糜烂灶或浅表的溃疡灶，食管、皱胃、小肠黏膜上皮水肿、红斑。

（5）繁殖障碍　妊娠早期到中期感染，病毒可引起卵母细胞质量下降和性激素生产机制异常，导致雌二醇和孕酮分泌紊乱，合并感染胎牛，干扰母牛妊娠，引发不孕、流产，以及产木乃伊胎、弱胎、畸形胎，甚至死产等。先天畸形胎最常见的是小脑发育不全，犊牛呈现共济失调，甚至完全不能协调，无法站立，有的犊牛失明。

（6）急性感染期　呼吸道急性感染期，犊牛出现高热（41.1～42.2℃）、沉郁。因高热而出现呼吸加快（40～60 次/分钟），肺听诊正常或有轻度支气管水泡音。急性发病 7～14 天或直到康复的牛或持续感染牛均会出现严重的免疫抑制，病毒对中性粒细胞、巨噬细胞和淋巴细胞的功能都有不良影响，外周血液中出现白细胞减少现象，由体液和细胞介导的淋巴细胞机能被抑制，感染细菌、支原体和其他嗜呼吸道病毒的风险增加。急性发病 7～14 天后逐渐出现严重的黏膜损伤和腹泻，此阶段如果没有细菌继发感染肺部，肺脏的病变很轻微或肉眼可见正常。

4. 诊断　在新疫区，或新引进未免疫的犊牛，或有新的毒株流行时，会出现本病的暴发流行，可根据发病史、流行病学调查、临床症状、病理变化等做出初步诊断。在老疫区，一群牛在同一段时间出现固定形式的先天异常，或 6～18 月龄牛出现消化道糜烂症状，或批量犊牛出现生长不良，或持续出现治疗效果不佳的普通病（肺炎、癣病、红眼病、顽固性腹泻等），都应寻求专业兽医或科研院所的帮助。无论哪种情况下怀疑本病病毒感染，都应进行实验室诊断，采取病牛的全血、鼻咽拭子、粪便、肠淋巴结、肺组织等进行病毒、细菌培养、PCR 检测。对病毒性腹泻与牛传染性鼻气管炎、口蹄疫、恶性卡他热、水泡性口炎等疾病的鉴别诊断很重要。有呼吸道感染时，只有对肺部病料进行病毒分离或采用 PCR 技术检测才可以确诊。

5. 预防 该病没有特异的治疗方法，一般采用对症治疗，但不建议过多治疗，对有该病流行的牛场应进行检测、淘汰、净化等。

（1）检测、筛查、淘汰 对可疑牛群进行抗原与抗体检测。抗原、抗体均为阳性的急性发病牛，每隔6周再检测1次，抗原为阳性的牛进行淘汰；抗原为阳性、抗体为阴性的持续感染牛进行淘汰；抗原、抗体均为阴性的牛，每隔6周再检测1次，双阴性或抗原阴性、抗体滴度大于1∶64的牛可以留用。

（2）免疫 检测合格的牛可以进行免疫，但必须实施全群免疫。免疫方法按照产品说明书操作。基础免疫完成后2周要进行抗体检测，淘汰抗体阴性或抗体滴度小于1∶64的牛。

（3）做好生物安全 不从疫源地进牛。所引进的牛必须进行引入地和落户地检疫检测，保证病原微生物不进入场区。对场区实行严格消毒和防疫，防止流行性疾病传入。做好生物安全是牛场安全的保障，不但对本病，对所有的传染病防控都适用。

四、大肠杆菌病

大肠杆菌病是导致新生犊牛死亡的主要病原，已经确定有三类大肠杆菌可以引起犊牛腹泻，即败血型大肠杆菌、产肠毒素型大肠杆菌、其他致病型大肠杆菌。各型间没有交叉保护，管理不严格、卫生条件差时犊牛会接触大量大肠杆菌；初乳中免疫球蛋白含量低或吸收不良，大肠杆菌在肠中异常大量增殖也会致病。也可以因为饲养密度过大、断脐不消毒、应激（气温突变、长途运输等）、感染其他病原造成抵抗力下降而继发本病。致病的大肠杆菌在有利的环境中会快速增殖，或损伤黏膜进入血液循环引起败血症，或分泌肠毒素，或崩解引发内毒素中毒，或产生细胞毒素造成腹泻和排

血便。

犊牛出生时没有免疫保护能力，必须通过食入并吸收初乳中的免疫球蛋白获得被动免疫力，即对大肠杆菌病的抵抗力来源于初乳。大肠杆菌感染也是新生犊牛死亡的最重要原因。管理不善、消毒措施不佳、消毒不严格，导致环境大肠杆菌数量超标，是犊牛感染大肠杆菌的充分条件。

大肠杆菌对化学消毒剂的抵抗力不强，使用普通消毒剂和消毒方法即可达到消毒目的。本菌对多种抗生素敏感。

（一）败血型大肠杆菌病

1. 流行病学　发病高峰为出生后 1～14 日龄，6 日龄内多见，出生 24 小时即可出现症状，口腔与鼻分泌物、尿液、粪便等会有大量病原，造成疾病传播（粪-口传播）。

2. 症状

（1）**最急性型**　感染牛有休克、酸中毒现象，腹泻症状出现的时间比较晚，或没有腹泻症状即已死亡。卧地的犊牛体温可能降低。血常规检查显示，红细胞比容升高，白细胞可能没有变化，甚至会降低，但出现核左移，血液生化显示低血糖和代谢性酸中毒。用血液样本进行细菌培养时若有细菌生长则提示败血症的确切诊断。

（2）**急性型**　感染牛的早期症状表现为发热，有或无腹泻，沉郁、虚弱、无力、脱水、心动过速、吸吮反射严重下降，甚至消失，黏膜高度充血，部分病例出现眼结膜出血，脐带水肿，脑膜炎。死亡发生在发病 24 小时之内，或者发生低体温和虚脱现象后出现严重腹泻。

（3）**亚急性型**　感染牛表现为发热、脐带水肿、关节肿胀、葡萄膜炎、腹泻。

（4）慢性型　感染牛虚弱无力、消瘦、关节肿痛，可能是由急性病例发展而来。

所有病例均有酸中毒和脱水表现。急性、亚急性和慢性病例均有局部感染的临床症状，脑脊髓穿刺液可证实脑膜炎的病因，关节穿刺液可证实关节炎的病因。

3. 诊断　可根据发病时间、腹泻犊牛数量、临床症状、近期的天气变化、环境和日常管理情况做出初步诊断，确诊则需要在实验室进行病原分离。样本可采取犊牛全血、关节穿刺液或脑脊髓穿刺液，病死犊牛的肠淋巴结也是很好的样本。

4. 治疗　最急性和急性病例一般治疗不成功，出现症状但没有休克的病例可以从以下4个方面进行救治。

（1）支持疗法　静脉输注平衡液体，以纠正电解质和酸碱失衡，补充水分和能量。所用药物和剂量本章参考"腹泻治疗原则"。

（2）抗生素疗法　选择敏感且具有强杀菌力的抗生素，静脉输注。有条件的牛场可以邀请有资质的实验室进行细菌分离、鉴定和药敏试验，使用敏感抗生素，降低损失，减少耐药菌株的产生。抗生素的使用要及时，用药量要按说明书使用，不得随意加大剂量。

（3）抗休克　快速恢复循环血量。另外，可以使用消化道黏膜保护剂，减轻炎症反应。积极治疗亚急性病例的关节炎，慢性病例的关节炎预后不良。

（4）中药治疗　黄连20克、木香15克、黄柏15克、秦皮15克、石榴皮15克、陈皮15克。

5. 预防　本病的预防包括细化生产管理和生产高质量初乳，加强干奶期、围产期母牛及新生犊牛的管理。

犊牛对大肠杆菌的抵抗力主要依靠母源抗体，即新生犊牛大肠杆菌性败血症几乎都是初乳免疫球蛋白被动转移失败的结果，新生犊牛接触到环境中的大量败血型大肠杆菌，同时又不能获得适量含高浓度免疫球蛋白的初乳，故发病的概率增加。无论是环境中有大量致病菌存在还是缺乏初乳，抑或初乳中缺乏免疫球蛋白、有大量大肠杆菌等有害菌时，都是由管理不当引起的。

奶牛干奶期需要 40～90 天，干奶期要检测隐性乳腺炎，进行乳房保健，防止乳房漏乳，同时要清洁、消毒、干燥环境等，保障优质初乳的生产。肉牛在生产之前也要检查乳房，筛查乳房疾患。肉牛生产后要及时检查泌乳量，观察犊牛是否能吃饱，如果吃不饱必须找代乳母牛，确保犊牛吃到足够的初乳。

围产期母牛要饲养在卫生条件好且干燥的环境中，力保犊牛的出生环境良好；对乳房漏乳的母牛要登记，不能用这些母牛的初乳饲喂犊牛。产房要清洁干燥，以免母牛身体和乳房受到粪便污染，环境要消毒，室温要适宜。

犊牛要及时吃到足够合适温度的初乳，要求夏季奶温 37.5～38.5℃，冬季奶温 38.5～39.5℃。饲养人员要备有温度计，力求奶温准确，不能以手试温。犊牛出生 12 小时内要获得 4～6 千克初乳，可以分 2 次喂食，第 1 次越早越好，提倡出生 8 小时内喂完第 2 次。肉牛带犊时，要及时辅助犊牛站起哺乳。新生犊牛不能混群饲养，应该放在有干净垫草且彻底消毒的温暖、清洁环境中，特别是在冬季。有一种做法，供企业参考，即平时冻存高质量的初乳，用时以 45～50℃ 的水浴解冻，在犊牛出生后的 2 小时、6 小时、12 小时分别用胃管灌服 2 千克的 38.5℃ 的解冻初乳。该法虽然费人力，但效果良好。

（二）产肠毒素型大肠杆菌病

1. 病原及流行病学　产肠毒素型大肠杆菌即含有菌毛抗原 F5、F4 的大肠杆菌。由此类菌引发的腹泻发病高峰出现在 1～7 日龄犊牛，出生后 48 小时内的犊牛对此类大肠杆菌最为敏感。在有其他肠道致病病原（轮状病毒、冠状病毒、球虫等）存在时，14～21 日龄犊牛仍可感染该菌。

2. 症状　最急性型表现为腹泻、脱水，在感染 4～12 小时即可发生休克，粪便呈水样、白色或黄色或绿色，无力，吸吮反射降低等全身症状比腹泻症状出现的时间要早且更严重。

急性发病时，以前吸吮正常的犊牛吸吮反射突然降低或消失，无力，脱水，可视黏膜干、黏；有些犊牛不表现腹泻，但有严重的腹胀，右下腹部有大量液体（肠内积液），心律失常，心率快（酸中毒、高血钾的表现），体温正常或降低。如果是由高毒力菌株引起的感染，则群体发病率可达 70% 以上。

轻型病例可能不会引起饲养人员的注意，但患牛排软便或水便，能吸吮牛奶，可自愈。

笔者遇见过这样的群发病例，犊牛出生 2 小时即出现腹泻、发热，粪便呈灰黄色、水样，不吮乳，体温低，俯地，发病 24 小时死亡。

感染肠毒素型大肠杆菌的犊牛，其血常规和血液生化表现为酸中毒、脱水、低血糖、高血钾。

3. 诊断　根据发病日龄和临床表现可做出初步诊断，这类患牛对输液治疗的应答反应比败血型大肠杆菌感染的迅速。因为该病的主要病理是内毒素和酸中毒、脱水、低血糖、高血钾，属于分泌型腹泻，补充体液就显得十分必要。分离细菌是最好的确诊方法，最好的样本是空肠内容物，从肠系膜淋巴结及其他组织中不能分离出细菌，以此区别于败血型大肠杆菌。

4. 治疗　治疗原则是增加循环血量，纠正低血糖、电解质和酸碱失衡，抗休克。根据患牛体重和脱水程度计算每日的补液量，一般按每千克体重 40～60 毫升计，其中需要补充 5% 碳酸氢钠溶液 150～250 毫升。对有吸吮能力的患牛不建议输液，口服补液即可，液体类型与所输液体相似（有专门的口服补液盐商品可供选择），食物和补液盐的碱化作用很重要。每天 4～6 升平衡液，加入碳酸氢钠 10～15 克。操作方法是：先禁食 1 天，只给平衡液体，然后把 1 天的牛奶量分 3～4 次饲喂，在两次喂奶之间喂平衡液，坚持 3～5 天。碳酸氢钠也可以加在奶里。也可以使用中药治疗，即黄连 20 克、木香 15 克、黄柏 15 克、秦皮 15 克、石榴皮 15 克、陈皮 15 克。

5. 预防 与败血型大肠杆菌病的相同。另外，经常发病的牛场可以使用疫苗免疫控制和净化该病。

（三）其他致病型大肠杆菌病

其他致病型大肠杆菌感染不能引起败血性和肠毒素中毒，但细菌黏附于肠黏膜，产生细胞毒素，侵害的肠黏膜范围可以扩展到小肠末端、盲肠、结肠，能引起腹泻、消化不良、蛋白流失，有的病例出现便血和里急后重。病初，犊牛高热（体温约 40℃），数小时后开始腹泻，这时体温降至正常。粪便如粥样，黄色，之后呈水样，灰白色，内混有未消化的凝乳块、气泡，有酸臭的腐败气味。末期里急后重，失禁，常有腹痛，病程长的可能会引起肺炎和关节炎症状。病牛一般可以治愈，但会影响其后期发育。病死犊牛皱胃有大量凝乳块，黏膜充血、水肿，覆盖胶样黏液，肠内容物呈水样，混有血块、凝乳块和气泡，恶臭，黏膜充血、水肿，肠系膜淋巴结肿大。肝脏、肾脏颜色苍白，有时有出血点。2 日龄到 4 月龄犊牛均可发病，发病高峰日龄为 4～28 天。引起犊牛腹泻的产志贺氏菌样毒素的 O157. H7 即属于此类病原。治疗可参考本章"腹泻治疗原则"。

五、沙门氏菌病

1. 病原 沙门氏菌病是由沙门氏菌属细菌引起的各种动物疾

病的总称，也称副伤寒。其临床表现主要是肠炎和败血症，妊娠动物感染也会引起流产，世界各地都有流行，对幼龄动物和繁殖动物的威胁最严重，部分血清型可以感染人，引起食物中毒和败血症，属人兽共患病。对牛致病的沙门氏菌主要有鼠伤寒沙门氏菌、都柏林沙门氏菌或纽波特沙门氏菌。沙门氏菌对干燥、日光等具有一定的抵抗力，在腐败有机物中可以存活数周至数月，对化学消毒剂的抵抗力不强，使用普通消毒剂和消毒方法即可达到消毒目的，但对多种抗生素敏感。

2. 流行病学 犊牛呈地方流行性。环境条件不佳会促使本病发生，如环境污浊、潮湿、拥挤、粪便堆积、通风不良、温度过低或过高、饲料霉变等。本病还有垂直感染传播的风险。

患病牛或隐性感染牛是主要传染源，病原随感染牛的粪便、尿、乳汁、流产胎儿、胎衣、羊水排出，污染饲料和水源，经消化道感染健康牛，即粪-口传染。感染牛的精液也可以通过人工授精传播本病，子宫内感染也是可能的，鼠类可以传播本病。

3. 病理变化 沙门氏菌致病的毒力因子有多种，主要有脂多糖、细胞毒素、肠毒素和毒力基因。脂多糖是沙门氏菌外胞壁的基本成分，在抵抗宿主吞噬细胞的吞噬和杀伤作用上起重要作用，可引起牛发热、黏膜出血、白细胞减少、循环衰竭、休克、弥漫性血管内凝血和中毒症状，直至死亡。

沙门氏菌是各年龄段犊牛腹泻的主要病原。犊牛感染的临床表现由最急性败血症到隐性感染等，多发在2周至2月龄犊牛，发病高峰在2～4周龄。有些犊牛出生2～3日即可发病，表现为菌血症和败血病，未出现腹泻症状就已死亡。感染会损伤小肠后段、盲肠、结肠黏膜，导致消化吸收不良、蛋白丢失、体液损失，属于分泌性和消化不良性腹泻。有些沙门氏菌（如都柏林沙门氏菌，4～8周龄犊牛易发）还可以引起呼吸道症状，且患牛多种分泌物和排泄物中都带菌。

4. 症状 发热、腹泻是犊牛患沙门氏菌病的主要症状。最急性病例在腹泻症状出现之前即死亡。急性病例病初高热（40～41℃），精神沉郁，食欲废绝，发病 12～24 小时粪便带血；之后开始腹泻，粪便带有黏液、血液、坏死的肠黏膜、纤维素絮片，颜色不一致，有腐臭味，有时排水样粪便。新生犊牛感染后的死亡率比较高，日龄稍大点的犊牛排水样恶臭粪便，深棕色，全身表现虚弱、脱水。如果不及时治疗，病程一般 5～7 天，以死亡转归。急性病例也有高的死亡率，有时病死率可达 70%。慢性感染会引起间歇性腹泻（永久性肠黏膜损伤）、消瘦、低蛋白血症、生长不良，患病牛通过多种分泌物向外排毒，有的病例排菌可长达 3～6 个月。虽然犊牛最终会康复，成年后不会成为带菌者，但感染沙门氏菌的犊牛生长发育会受到影响。

沙门氏菌感染除出现消化道症状外，还可以引起机体其他器官损伤。一些慢性病例或腹泻时间较长的病例，沙门氏菌会引起全身感染，出现肺炎、脑膜炎、多发性关节炎（关节肿大）、支气管肺炎等。垂直感染都柏林沙门氏菌的新生犊牛更多表现的是败血症而不是肠炎。

5. 诊断 由于沙门氏菌病的临床症状没有特异性，虽然病理剖检变化可以作为初步诊断的依据，但确诊最有效的办法是分离细菌，进行实验室检测。

在病史调查和临床症状观察做出初步诊断的基础上，采集患病犊牛的粪便、肠（回肠、盲肠、结肠）壁及内容物、肠系膜淋巴结、肝脏、脾脏送检。除分离细菌和进行细菌生化试验鉴定外，实验室可用 PCR、荧光定量 PCR 等用于沙门氏菌病的诊断。大肠杆菌和沙门氏菌均易导致犊牛感染，且症状相似，但大肠杆菌更易感染 3 周龄内犊牛，沙门氏菌感染的范围会更大一些；有时也有混合感染，患沙门氏菌病的犊牛小肠末端和结肠黏膜上有散在的纤维性坏死膜，这是大肠杆菌和沙门氏菌病理变化最大的区别。

6. 治疗 可参考本章"腹泻治疗原则"。

7. 预防

（1）奶犊牛食用的奶牛要经过巴氏消毒，奶温 37～39℃，定时、定量喂食，饲养人员要固定。

（2）避免拥挤和暴力转群。

（3）隔离患病犊牛，减少粪便等污物污染环境，淘汰带菌犊牛。

（4）加强饲养和卫生管理，定时清扫和消毒牛舍、用具、环境。

（5）犊牛与成年牛不混养，犊牛不群养。

（6）做好干奶期母牛的筛查和保健，治疗带菌母牛。

（7）饲养人员不能串岗。

（8）注意公共卫生，接触过患病犊牛的饲养人员和兽医的工作服、鞋、手套都要认真消毒。

（9）对病死牛应严格执行无害化处理，防止人食物中毒。

六、空肠弯曲杆菌病

1. 病原及流行病学 空肠弯曲杆菌，也称空肠弧菌，革兰氏染色阴性，弯曲，可呈螺旋形运动，可存在于动物和人的正常菌群中，主要引起多种动物和人的小肠炎、结肠炎，潜伏期 1～7 天。在腹泻犊牛中的分离率较高，粪便中有空肠弯曲杆菌大量存在而不能分离到其他病原时具有诊断意义。

2. 病理变化 当胃环境 pH 大于 3.6 时（饱食、胃酸分泌不足或食入碱性食物），空肠弯曲杆菌能突破胃屏障进入小肠，在肠腔内繁殖，并定殖于小肠和结肠，侵入黏膜细胞，生长繁殖并释放外毒素，细菌裂解释放内毒素（类霍乱肠毒素），造成肠道黏膜局部充血、渗出、溃疡、出血，分泌旺盛，免疫力低下时进入血液形成菌血症，进一步造成脑、心脏、肺脏、肝脏、肾脏及尿路、关节损害；另外，还可以引起妊娠母牛流产。

3. 症状 临床症状差异较大，轻重不一，从无症状到不明显或轻微症状到暴发都有可能存在。曾有感染试验显示，以空肠弯曲杆菌培养物感染新生犊牛和已有正常胃肠道菌群的普通非新生犊牛，新生犊牛感染后会出现轻度卡他性肠炎和轻微症状，非新生犊牛感染后会发热，还表现轻度腹泻，有时腹泻会持续2周。严重的症状有腹泻、发热、脱水、厌食等，但没有特异性具有诊断意义的症状。

4. 诊断 由于本病症状受应激因素、感染细菌量、并发病、感染菌株、其他肠道病原微生物存在等因素的影响，故诊断时应认真鉴别主流病原微生物，或排除其他传染性疾病，如沙门氏菌病、球虫病、腹泻等。确诊必须进行实验室检测。

5. 治疗 按本章"腹泻治疗原则"施治，选择敏感高效的药物，氨苄西林、头孢类、磺胺增效剂对该菌无效。严重病例应采取静脉输注平衡液，纠正酸中毒，防止自体中毒。

七、副结核病

1. 病原 病原是禽分枝杆菌副结核亚种，牛易感。

2. 流行病学 禽分枝杆菌副结核亚种属于分枝杆菌属，具有抗酸性，好氧，革兰氏阳性，有3个亚型，即牛型（Ⅰ型）、羊型（Ⅱ型）和中间型（Ⅲ型），易感动物主要是牛、绵羊、山羊、鹿等反刍动物，目前还不清楚各型的宿主特异性或宿主偏好程度。1月内的犊牛特别易感，且比1月龄以上的犊牛感染后更容易发展成临床病例。副结核病潜伏期比较长，且变化比较大，2岁以下的牛很少出现临床症状。不是所有感染牛都出现临床症状，不表现临床症状的感染牛是细菌的携带者，间歇性随粪便排出细菌，危害性很大。细菌对外界的抵抗力强，在合适条件下，可在环境中存活1年，在灭菌水中可存活9个月，在牛奶和甘油盐水中可存活10个月，在湿的粪便中可存活 8 个月。对湿热的抵抗力差，60℃、30分钟，80℃、5 分钟即可被杀灭；耐酸、碱，3％的甲酚皂 30 分钟、3％福尔马林 20 分钟、10％～20％漂白粉 20 分钟可被杀灭。本病经粪-口传播，也可经精液传播和垂直传播，但这不是主要传播途径。

禽分枝杆菌副结核亚种是细胞内寄生菌，细胞介导反应是导致肠壁损伤的主要原因。

3. 病理变化　禽分枝杆菌副结核亚种定殖并穿过肠上皮后被巨噬细胞吞噬，干扰吞噬小体成熟、阻止溶酶体融合，在巨噬细胞内存活并繁殖，免疫介导的肉芽肿反应逐步发展，病变的淋巴细胞和巨噬细胞聚集在肠黏膜固有层和黏膜下层，肠壁和淋巴结中的巨噬细胞内含有大量的细菌，形成病变组织。肠壁的病变导致腹泻、血浆蛋白损失、营养物质和水吸收不良。该病发展很慢，感染牛经历长时间的亚临床感染阶段之后，有的才逐渐表现出临床症状，通常超过 2 岁才能首次观察到临床症状。

主要的病理变化出现在小肠后部、回盲瓣和结肠末端，肠黏膜增厚并呈横向波纹，肠系膜和回盲瓣淋巴结水肿、变大。病原可能就存在于黏膜表面或黏膜下层，从患牛直肠刮取的组织涂片经抗酸染色镜检，会有成簇的两头较细的短粗杆菌，大小为（0.5～1.5）微米×（0.2～1.5）微米。

该病感染在犊牛，发病在育成牛，潜伏期长，发病慢，间歇排菌，具有很强的隐秘性，危害大。在英国，2018 年一个牧场由单一牛副结核造成的损失约 80 万英镑，一些北欧国家将本病列为牛场每年必检的传染病，严格淘汰阳性牛。建议我国的牛场做好检疫和隔离淘汰工作，特别是奶牛企业。

4. 症状　主要的临床症状是腹泻，最初呈间歇性，之后发展为持续性，体重下降，下颌水肿，食欲不振。严重的腹泻病例排泡沫性粪便。出现临床症状后很少能活过 1 年。

5. 诊断 2～4 岁不明原因的体重减轻和慢性、间歇性腹泻的牛应该考虑本病，但所有引起体重下降的疾病都易于与该病混淆，应注意鉴别，如肝脏疾病、肝片吸虫病、营养不良、慢性腹膜炎。该病主要的特征是慢性间歇性腹泻，严重时还排泡沫性粪便。牛场一旦确诊存在本病，就需要对所有犊牛进行普查。

有效的诊断方法有粪便涂片的 Zieu-Nielsen 染色镜检法、ELISA、PCR 等。由于腹泻是间歇性的，也就是排毒是间歇性的，粪便样本检测阴性不能排除感染的可能性，故需要重复检测。PCR 可以用于牛奶检测。对于剖检样本，可以取刮取病变肠段表面的粪便、回盲瓣或肠系膜淋巴结进行 PCR 检测和病原培养。本菌为专需氧菌，样本需要预先经 10% 硫酸处理 30 分钟，接种于丹钦氏培养基，在 pH 为 6.6～6.8 条件下、37.5℃培养 4～6 周，菌落为细小的灰白色，培养物可以进一步进行抗酸染色镜检、生化试验。在做病样采集、细菌检测和培养时，工作人员要做好个人防护。

6. 预防 本病发生时不建议治疗。对育成牛出现不明原因的体重减轻和间歇性腹泻的牛群至少检测 2 次，阳性牛建议淘汰。出现阳性病例的牛场，建议将母牛与新生犊牛隔离，避免犊牛接触病牛的排泄物和牛奶，并严格消毒，严防粪便污染水源，培育健康牛群。

八、隐孢子虫病

1. 病原 本病病原隐孢子虫可寄生在人、哺乳动物、鸟等动物的胃肠道和呼吸道上皮细胞的细胞膜内、细胞浆膜外，属人兽共患病病原。隐孢子虫有 3 个特点：粪便里的卵囊可以直接感染新的宿主；无宿主特异性，在包括人在内的哺乳动物间传播；抗药性比较强。

2. 流行病学 隐孢子虫感染能引起犊牛腹泻，是新生犊牛腹泻的原发病因之一，特别是抵抗力较差的犊牛。主要感染 1～2 周龄的犊牛，感染高峰为 11 日龄，与轮状病毒的感染时间相重叠，潜伏期 2～5 天，单独感染时腹泻可持续 2～14 天，有的犊牛呈间断性腹泻。污染牛场中 3 周龄以下犊牛发病率可达 50%，混合感染较多。初乳抗体不能通过体液机制和局部机制防止该病的发生，但免疫状况良好的犊牛因无其他病原严重感染，故呈自限性。

隐孢子虫卵囊对多种消毒剂都有很强的抵抗力，但对氨水和福尔马林敏感，对冻融敏感，对 50℃ 以上的温度也敏感。

3. 病理变化 隐孢子虫感染犊牛肠上皮细胞微绒毛刷状缘，使之形成带虫空泡，带虫空泡破裂后释放出裂殖子，裂殖子再感染其他肠细胞，导致肠上皮细胞微绒毛萎缩、融合、隐窝炎，引起分泌性和吸收不良性腹泻。肠上皮细胞微绒毛损伤还增加了大肠杆菌、沙门氏菌和病毒混合感染的概率。在犊牛腹泻的流行病学调查中，隐孢子虫单独感染比较少见，多为混合感染，导致症状多样、病情复杂、病程延长、治疗效果不佳、死亡率增加，持续腹泻还会诱发营养不良等。

4. 症状 患病犊牛排出混有黏液的绿色水样粪便（有的粪便带血），表现沉郁、厌食、腹泻、脱水，里急后重。环境不佳的牛场感染率高，约 50%。单独感染隐孢子虫的犊牛死亡率低，腹泻持续 1 周以上，但食欲和哺乳能力不受影响，如发生混合感染，可能出现脱水、电解质流失、酸碱度失调，慢性病例出现消瘦、营养不良。

5. 诊断 实用、有效的实验室诊断方法是采取新鲜粪便涂片镜检，检出卵囊即可确诊（图 5-2）。如果腹泻严重，犊牛出现发热时应考虑进一步的鉴别诊断和细菌学、病毒学检测，综合分析病情。

6. 治疗 对脱水、电解质失衡的患病犊牛可参考第五章"犊

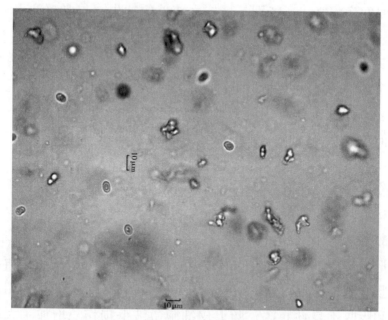

图 5-2　隐孢子虫镜检（王海燕　供图）

牛腹泻治疗原则"。对有吸吮能力的患病犊牛进行正常饲喂，外加一些口服补液盐和葡萄糖。对慢性患病犊牛要加强营养，特别是供给能量物质，在冬季还要注意保暖。治疗药物有常山酮、拉沙里菌素、托曲珠利、地克珠利，螺旋霉素也有部分治疗作用。治疗时遵照说明书进行。

7. 预防　隐孢子虫喜凉爽、潮湿的环境，对50℃以上的环境敏感。因此，围产期母牛和新生犊牛的生活环境务必保持干净、干燥，疑受污染的环境要彻底清扫，用50℃以上蒸汽消毒，减少新生犊牛的感染概率。

九、球虫病

1. 病原　可感染牛的球虫约有20种，其中对牛有致病性的主要是牛艾美耳球虫和邱氏艾美耳球虫，后者的致病性更强。

2. 流行病学　牛球虫的发育过程为直接发育型，内生性发育过程有裂殖生殖和配子生殖，外生性发育过程为孢子生殖。在外界粪便中只有发育为孢子化的卵囊才具有感染性。阴冷、潮湿的环境利于孢子化卵囊的形成，干燥、炎热的环境对其有抑制作用，卵囊在适宜温度的潮湿环境里可保持感染性1年以上。半开放式栏圈或群养时，栏杆、地面、垫草、牛体被毛、乳房、饲料、饮水易被污染，犊牛经口感染。

各品种的犊牛均易感球虫，3周至9个月龄的青年牛发病率高。通常与应激情况，如运输、拥挤、换料、恶劣天气或并发感染相关。肉犊牛比奶犊牛多发。本病多发于春、夏、秋季。潜伏期2～3周，犊牛感染球虫后16～20天即可在粪便中观察到卵囊，但粪便中的卵囊数量与肠道病理变化和临床症状不一定相符，有时严重发病的犊牛其粪便中的卵囊数量比较低，有的无临床症状的犊牛则能排出大量卵囊。粪便中的卵囊数量可能与球虫的生活周期有关，临床诊断时应采集2次以上的粪便进行检测。临床症状的有无及严重程度与一次性感染卵囊的量有关，感染少量卵囊可以刺激机体产生一定的免疫力，感染10万个以上卵囊即可使犊牛产生明显的临床症状，感染25万个以上卵囊可致犊牛死亡。

康复牛对同种球虫的再次感染具有免疫力，但不能抵抗其他种球虫的感染，且任何降低犊牛免疫力的因素和疾病都会提高球虫的致病性。

3. 病理变化　进入消化道的孢子化卵囊脱去囊鞘，释放出子孢子，子孢子侵入宿主特异性细胞（牛艾美耳球虫侵入回肠中央乳糜管水平细胞，邱氏艾美耳球虫侵入回肠黏膜固有层结缔组织细胞），发育成裂殖体；裂殖体释放出裂殖子，感染盲肠和结肠上皮细胞，再形成第二代裂殖体，裂殖体再释放出裂殖子，再感染肠绒毛上皮细胞，开始球虫的有性生殖阶段，释放出卵囊。这一系列裂殖体生殖都是在犊牛盲肠和结肠上皮细胞内进行的，释放裂殖子和卵囊的过程就是犊牛肠黏膜受损的病理变化过程。

4. 症状 患急性球虫病的犊牛表现为腹泻，便中带血（图 5-3）和黏液，里急后重，精神抑郁，食欲下降。笔者诊断的两例群发性犊牛球虫病，所排粪便全是血水混合，带有气泡，其中含有大量胶冻样物质、脱落的肠黏膜、黏液、血凝块等，几乎不排普通粪便，每天有 3 000～5 000 毫升；患病犊牛不吃、不反刍，精神沉郁，努责（里急后重），体温 41.5℃，脱水，这是典型病例。但多数病例呈现轻微症状或呈亚临床型，一般在发病后 3～5 天逐渐好转，病程可缠绵数月，表现的主要症状是粪便松软、颜色较深，少见鲜血，体况较差，被毛粗乱，生长缓慢，消瘦，贫血，偶有里急后重和食欲不好。这些症状具有隐秘性，常被管理者忽视，但在断奶、转群、合群、长途运输、天气突变等应激因素存在时会暴发急性症状。因此，污染牛群的发病率要比预想的高，且断奶、运输后的犊牛多发并且表现临床症状。群体中有球虫病明显症状的犊牛出现，表明全群犊牛都有感染，只是感染虫体的多少有别，个体抵抗力存在差异，均需要治疗。慢性的、可容忍的腹泻会使犊牛生长率、日增重受损，给企业造成隐性损失。

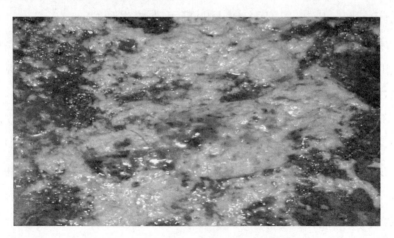

图 5-3 由球虫引起的患病犊牛所排粪便带血

5. 诊断　使用漂浮法粪检，检出大量球虫卵囊即可确诊（图5-4）。采集粪便时需要注意的是，尽量多采集几头犊牛的粪便，因为个别犊牛肠道内球虫可能处于不同的生活阶段，排出卵囊的时机不同，有时只能检测到少量球虫卵囊。确诊还需要结合流行病学调查、临床症状和群体表现，另外，还要做好与肠道线虫病、营养不良、沙门氏菌病、腹泻病毒病等的鉴别诊断。

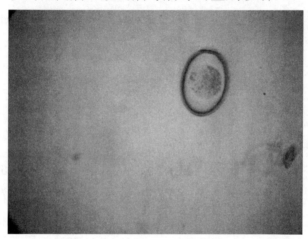

图5-4　球虫镜检（王海燕　供图）

6. 治疗　临床使用的治疗药物见表5-1（供参考）。

表5-1　治疗犊牛球虫病的药物（供参考）

药物名称	用法、用量、用药途径	用药时间
托曲珠利	每千克体重15毫克，口服，每天1次	2 天，14 天后再用2 天
磺胺嘧啶	首次每千克体重140毫克，后维持70毫克，口服，每天1次	7 天，14 天后再用7 天
磺胺二甲嘧啶	首次每千克体重200毫克，后维持100毫克，口服，每天1次	7 天，14 天后再用7 天
氨丙啉	每千克体重10毫克，口服，每天1次	5 天，14 天后再用5 天
莫能霉素	每吨饲料按20～30毫克混喂，或按每千克体重1毫克混料	28 天
6％癸氧喹酯预混剂	每吨饲料按450克混喂	自由采食7～14 天

抗球虫药物一般使用单品，不建议联合用药。也可使用中药治疗：青蒿 30 克、常山 15 克、大黄 9 克、贯众 20 克、仙鹤草 20 克、黄柏 20 克。

对出血严重的病例还需采取对症治疗，辅助使用止血药、维生素和抗生素，预防出血性贫血、继发性细菌性肠炎，脱水严重患牛还应补液。在治疗有临床症状的犊牛时，要对全群犊牛及时进行预防性杀灭球虫和其他肠道寄生虫的驱除工作；另外，还要清除粪污，冲洗消毒水槽、食槽，减少环境中的卵囊数量，降低犊牛食入卵囊的机会。

7. 预防　预防的主要原则是减少环境污染，避免拥挤、应激并增加环境卫生保护措施，以降低球虫病的发病率。

（1）犊牛与成年牛要分开饲养。

（2）牛舍、牛圈要勤打扫清理，定期以热（50℃）的氢氧化钠溶液（3%～5%）消毒地面、牛栏、食槽、水槽等；粪污要有单独专门的堆贮地点堆积发酵，防止污染饲料和饮水；适当抬高料槽和水槽位置，有助于避免污染而减少感染。

（3）断奶、转群、合群、长途运输、天气突变等应激因素发生时要提早使用防应激的药物，以减少应激反应；需要更换饲料或饲养方式时要逐渐过渡，防止疾病暴发。

（4）对于污染牛场，建议采用药物预防。在春、夏季相交之际，使用氨丙啉、莫能霉素、6%癸氧喹酯预混剂等。

给新生犊牛饲喂拉沙里菌素可以提高其日增重，抵御断奶前球虫感染。犊牛日增重的增加并非药物的直接作用，而是药物抑制了球虫，减少了增重损失。如果日常管理不善，环境中的卵囊数量庞大，不仅会导致日增重损失，而且犊牛还会感染其他肠道病原微生物，混合感染时则会使病情加重，病理变化多样。因此，对于犊牛球虫病的预防，环境卫生和日常管理显得非常重要，甚至比药物预防更重要。

十、犊牛腹泻调查

犊牛腹泻是母牛养殖企业最为关注的疾病问题，关系到母牛繁殖率、犊牛成活率及企业的生产成本、人力资源分配等。犊牛腹泻不仅常发，而且每年发病的细节可能有所不同，流行病原也会有所变化。

1. 流行病学调查 根据导致犊牛腹泻的病原的重要性，将相关的病原分为三类，第一类是在健康普查时不存在，流入牛群即会引起腹泻的病原，如沙门氏菌等；第二类是普遍存在于牛群、腹泻病例检出率增加的病原，如轮状病毒、隐孢子虫等；第三类是可能致犊牛腹泻，但目前流行病学资料不充分的病原，如环曲病毒、诺如病毒、星状病毒、纽布病毒等。在检测病原时，可能第二、三类病原都能检测到，但这不意味单一病原能引起腹泻。另外，还有能导致腹泻的大约15％的病原未能检测到。可能有新发病原还没有被发现，或犊牛出现消化不良性腹泻而不存在特异性病原，或尚未发现的生物学因子。随着对肠道致病因子的不断研究和认知及诊断方法的创新，还会发现更多的病原。

流行病学调查的样本：此类样本的采集分3种，即定期采取各个年龄段健康犊牛的粪便样本、随时采取腹泻犊牛的粪便样本、因腹泻致死犊牛的剖检样本，进行肠道致病因子检测。对健康犊牛粪便进行检测不仅可以监控牛群肠道常在菌群和普查牛群病原的存在情况，还可以在发生犊牛腹泻时作为对照，提高诊断效率。比如，健康牛群轮状病毒和隐孢子虫检出率一般低于50％的属于正常状态，在腹泻时检测率比健康牛群的高，即可认为是致病因素；而冠状病毒在健康牛群中较少能检测到，一旦检测到即认为是导致犊牛腹泻的病原。剖检样本有病死犊牛的肝脏、肺脏、肾脏、脾脏、肠黏膜、肠系膜淋巴结等，剖检样本有助于阐释粪便样本检测结果的意义，可能会检测到粪便样本未检出的致病因子，了解由疾病引发的除肠道以外的其他器官的病理变化。

流行病学调查发现，目前引起犊牛腹泻的主要病原有轮状病毒、冠状病毒、诺如病毒、大肠杆菌、沙门氏菌、隐孢子虫，最为密切相关的是轮状病毒、冠状病毒、隐孢子虫。在不同牛场、不同季节，各病原在引发犊牛腹泻中的地位不同，且病原种类和地位在不同年份也有所变化。哺乳肉牛群比奶牛群感染的检出率高。在湖北、湖南、江西、河南、吉林五省，2015年引起犊牛腹泻的主要病原为大肠杆菌、沙门氏菌、腹泻病毒，分别占比40%、40%、20%；2016年主流病原仍是以上病原，但占比有所不同，分别是40%、30%、30%；2017年病原种类和占比都发生了很大变化，引起犊牛腹泻的病原不仅有以上几种，还增加了轮状病毒、冠状病毒、隐孢子虫，大肠杆菌、沙门氏菌、腹泻病毒、轮状病毒、冠状病毒、隐孢子虫占比分别是28%、11%、11%、32%、7%、11%。

2. 混合感染　流行病学调查发现，多种肠道致病因子存在时比单一致病因子更易引发犊牛腹泻，肠道病理变化更多样、腹泻的症状更严重。因为由多数单一病原引起的肠道黏膜病理损伤是局部的，或局限在小肠前段、中段、后段，或局限在大肠，或局限在直肠等；也可能损伤轻微，不会引起剧烈腹泻。混合感染的病原会使肠道出现多处损伤且损伤会叠加或累积，如轮状病毒主要损伤小肠前段，中段小肠损伤轻微，后段小肠和大肠则没有损伤；冠状病毒、诺如病毒、隐孢子虫主要损伤小肠后段和大肠，环曲病毒、肠出血性大肠杆菌主要损伤大肠，混合感染会同时损伤大肠和小肠，更容易引起腹泻。而且无论由哪种病原引起的肠道黏膜损伤，都会使条件性致病菌更易黏附在已损伤的肠黏膜，累积损伤。研究显示，从出生到断奶，粪便检出隐孢子虫阳性的犊牛15%出现腹泻，粪便检出轮状病毒阳性的犊牛37%出现腹泻，同时检出两者均为阳性的混合感染犊牛75%出现腹泻，粪便更稀，脱水更严重，酸中毒也更迅速。在病程上，单一病原致病日龄各有重点，如产肠毒素大肠杆菌主要引起 2 日龄以内的犊牛发病，轮状病毒主要引起 10 日龄左右的犊牛发病；混合感染时或叠加作用或协同作用，犊牛腹泻病程延长，病情加重，治愈率降低。

河南省农业科学院畜牧兽医研究所 2018—2020 年检测的 51 个牛场、960 多份腹泻犊牛粪便的分析结果中，由单一病原引起的个体犊牛腹泻或单个牛场存在的单一病原的情况已经没有，每个个体或每个牛场犊牛腹泻均存在 2 个以上的病原。普遍存在的病原为轮状病毒、冠状病毒、大肠杆菌、沙门氏菌、环曲病毒、星状病毒、隐孢子虫、弯曲杆菌等，并发、继发并存，主次不易分清，引起的肠道损伤可能会有叠加、积累或协同作用，损伤面积波及整个肠道，使得病情严重而复杂。对 140 多份健康犊牛的粪便结果进行分析发现，轮状病毒、隐孢子虫的检出率较高，自主哺乳的肉犊牛群比奶牛群的检出率高，显示健康犊牛带毒带虫情况普遍存在；冠状病毒的检出率低，可能是因为冠状病毒的检出一般在腹泻发生时，健康犊牛带毒少。更多的数据统计显示，腹泻性疾病占牛群所发疾病的比例约为 50%。在腹泻例病中，由大肠杆菌引发的约占由生物致病因子引发的 31%，由轮状病毒引发的约占 24%，由沙门氏菌和病毒性腹泻病毒引发的分别占 16%，由隐孢子虫引发的约占 8%，由冠状病毒引发的约占 5%。不同年份和月份腹泻性疾病的主流病原有所不同。

第六节　腹泻治疗原则

造成犊牛腹泻的病原有多种，但腹泻是主要症状，机体器质损害有规律可循。治疗需要关注犊牛的生理特点和腹泻特征，原则上是保护黏膜、减少水分和电解质损失、平衡机体酸碱度、排出毒素、增加营养。

一、支持疗法

恢复细胞外液体积和循环血量，治疗脱水，防止休克和低血糖，缓解中毒（内毒素和代谢性酸中毒）。治疗方法主要是静脉输注，所用药物有 0.9％氯化钠、5％葡萄糖、10％葡萄糖、林格液、乳酸林格液、10％氯化钾、5％碳酸氢钠、维生素 B_1、维生素 B_6、维生素 B_{12}、维生素 C、肌苷、三磷酸腺苷二钠、辅酶 A 等。

有腹泻症状的犊牛在诊断和治疗时必须采集血样，了解血常规变化。由犊牛腹泻引起的脱水属于混合性脱水（等渗脱水），静脉输注平衡液，其组成为 0.9％氯化钠 1 份、5％葡萄糖 2 份，每千克体重 5％碳酸氢钠 1～2 毫升、10％氯化钾 0.25～0.5 毫升（输液速度要慢），使用乳酸林格液代替一半 0.9％氯化钠更好，也可以将10％葡萄糖加入 0.9％氯化钠中。每天的输液量应为已缺失水量、必须维持水量（尿液量、皮肤和呼吸蒸发水量）、预计 24 小时失水量的总和，减去摄入水量（奶量）和机体代谢水量的总和，实际输液量以计算总和的 1/3 量补充。在日常的临床治疗中，每天的已缺失水量可以根据犊牛每天的体重丢失量、眼球凹陷程度、捏皮试验、黏膜干燥程度等来判断，也可以参考表 5-2 中的数据。

表 5-2 犊牛缺失水程度判定和缺失水量计算

脱水程度（％）	正常（0）	轻度（<5）	中度（6～9）	重度（10～12）
症状	正常	四肢温暖，有强的吮吸反应	皮肤恢复平整，中度抑郁，仍可吮吸	皮肤不恢复，四肢冰冷，昏迷
姿势	正常	稍微沉郁，能站立	精神沉郁	特别沉郁，不能站立，没有吮吸反射
体重减少（％）	<2	4～6	6～8	8～10
眼球凹陷程度（毫米）	没有	2～4	4～6	6～8
皮肤恢复时间（秒）	立刻	1～3	3～5	6～10

（续）

脱水程度 (%)	正常 (0)	轻度 (<5)	中度 (6~9)	重度 (10~12)
黏膜干燥情况	正常	—	+	++
休克	—	—	—	—
每天缺水量 （毫升/千克）	—	60	80	100
每天必须投给水量 （毫升/千克）	—	20	25	30

皮肤弹性、柔软度、紧张度与组织含水状态有关，正常皮肤被捏起、松开后会立即展平（复原），脱水时皮肤重新展开所需要一定时间，且复原时间的长短与临床脱水程度相关（表5-2）。捏皮试验区域为鬐甲部皮肤。捏皮试验方法为用手提起鬐甲部皮肤稍做扭动，松开后计时皮肤充分展开所需的时间，即捏皮试验时间。

脱水也可以使机体组织毛细血管再充盈时间变长，临床诊断时也可以根据黏膜毛细血管再充盈时间的长短判断脱水程度和机体血液循环状况。毛细血管再充盈时间也叫泛红试验，是临床上简单而有效地检测机体缺血和末梢循环状况的方法。具体做法是用手指按压口、唇黏膜或齿龈黏膜达一定时间后突然抬起，观察所压部位红色恢复所需的时间，正常恢复时间在2秒以内，大于3秒即提示循环血量减少。

在冬季，给脱水犊牛输注的液体尽量加热到温度在20℃以上，减少冷应激；特别是对出现低体温的犊牛，可以将液体加热到30℃。

对于腹泻症状和脱水不严重（轻度及中度脱水）或不属于吸收不良性的腹泻病例，可以采用口服的方式补充水和电解质，补充盐水的量通常为轻度脱水按3%~5%体重、中度脱水按10%体重计算。

传统的口服补液盐组分为氯化钠 3.5 克、氯化钾 1.5 克、碳酸氢钠 2.5 克、葡萄糖 20 克，加温水 1 000 毫升。新型的口服补液盐组分为甘氨酸 6.18 克、无水柠檬酸 0.48 克、柠檬酸一水合物 0.12 克、磷酸二氢钾 4.08 克、氯化钠 8.5 克、一水葡萄糖 44.61 克，混溶 2 000 毫升凉开水。根据生产实际，也可使用简易版口服补液盐，碳酸氢钠 5 克、食用盐 5 克、葡萄糖 250 克，加温水 4 000 毫升。

二、使用抗生素

对于病毒性感染且体温正常的腹泻病例，可以不优先使用抗生素，但在出现发热症状或病程延长时，建议使用抗生素用于抗菌和预防继发感染。在检测有细菌感染时，建议做药敏试验，根据结果选用敏感的抗生素。常用的抗生素有氨苄西林、庆大霉素、土霉素、恩诺沙星、磺胺类等，相关使用方法参考表 5-3。

表 5-3　治疗犊牛腹泻的抗生素（供参考）

药物名称	用法、用量、用药途径	用药时间
氨苄西林	每千克体重 10～20 毫克，肌内注射或静脉注射，每天 2～3 次	2～3 天
头孢噻呋	每千克体重 1.1～2.2 毫克，肌内注射或皮下注射，每天 1 次	2～3 天
庆大霉素	每千克体重 2～4 毫克，肌内注射，每天 2 次	2～3 天
新霉素	每千克体重 10～15 毫克，口服，每天 2 次	3～5 天
卡那霉素	每千克体重 10～15 毫克，肌内注射，每天 2 次	3～5 天
土霉素	每千克体重 10～25 毫克，口服，每天 2～3 次；或每千克体重 10～20 毫克，肌内注射，每天 1～2 次；或每千克体重 5～10 毫克，静脉注射，每天 2 次	3～5 天或 2～3 天
四环素	每千克体重 10～20 毫克，口服，每天 2～3 次；或每千克体重 5～10 毫克，静脉注射，每天 2 次	3～5 天或 2～3 天
多四环素	每千克体重 3～5 毫克，口服，每天 1 次	3～5 天

药物名称	用法、用量、用药途径	用药时间
氟苯尼考	每千克体重 20 毫克，颈部肌内注射	48 小时后再次注射
磺胺嘧啶	每千克体重 50～100 毫克，静脉注射或肌内注射，每天 1～2 次	2～3 天
磺胺二甲嘧啶	每千克体重 50～100 毫克，静脉注射或肌内注射，每天 1～2 次	2～3 天
磺胺间甲氧嘧啶	每千克体重 50 毫克，静脉注射或肌内注射，每天 1～2 次	2～3 天
恩诺沙星	每千克体重 2.5～5.0 毫克，肌内注射，每天 1～2 次	2～3 天
马波沙星	每千克体重 2 毫克，肌内注射或皮下注射，每天 1 次	3～5 天
甲硝唑	每千克体重 75 毫克，肌内注射，每天 1 次；或每千克体重 60 毫克，口服，每天 1～2 次	3～5 天

抗生素建议单剂使用，对严重感染病例要联合使用。另外要注意：在犊牛脱水未得到纠正以前，慎用肾毒性较大的药物，如氨基糖苷类抗生素、磺胺类抗菌药物等。如果要选用上述药物，建议先纠正机体脱水。

三、使用黏膜保护剂

无论是细菌性还是病毒性感染，都会造成肠道黏膜不同程度的损伤。破损黏膜暴露，受有害肠道内容物侵蚀，并受细菌黏附和滋生，引起受损黏膜炎症反应，分泌过盛、吸收不良。使用黏膜保护剂可以黏附、覆盖创伤黏膜表面，减少细菌附着和有害物侵蚀，减轻炎症反应。常用的黏膜保护剂有铋制剂、高岭土、鞣酸蛋白、蒙脱石散剂等；另外，还可以使用吸附剂，如用活性炭吸附肠道有害物质。

四、支持疗法

正常生理状态下，犊牛肠道会合成一些维生素类。在肠道损伤且出现腹泻时，不能合成或快速排出了一些营养物质，需要人为补充，以满足犊牛的营养需要，所用到的药物有维生素 A、B 族维生素、维生素 C、维生素 D、肌苷、三磷酸腺苷二钠、辅酶 A、布他磷等，腹泻不严重时可以口服补充。

五、使用中药

对于草食家畜疾病的治疗，中药有其得天独厚的作用（药食同源），一般出生 10 天之内不用中药，之后可以适当添加，水煎或粉碎成末后用开水冲服。常用的药物有茯苓、白术、甘草、陈皮、党参、神曲、麦芽、山楂等，根据症状加减。以体重为 50 千克的犊牛为例，可用神曲 15 克、麦芽 10 克、山楂 10 克、陈皮 6 克、茯苓 6 克、白术 6 克、党参 10 克、甘草 3 克。补气健脾，提高脾胃运化功能。

犊牛腹泻的治疗应采取尽量少干预原则，即尽量少用抗生素类药物，先从生产管理着手，改善环境和营养条件，提高犊牛的抵抗力，然后再用药。用药时，吸收不良的犊牛能注射的就不用口服，食欲良好的犊牛能口服的就不用注射，只有脱水和中毒的犊牛才进行输液治疗。

第七节　腹泻具体防治

犊牛腹泻的防治应该成为牛场的核心工作，建议从杜绝环境污染入手，来保障犊牛少生病。

一、微生物方面

（1）导致犊牛腹泻的病原存在于肠道，疾病的潜伏期、发病时、恢复期或亚健康感染时都会由粪便排出大量病原，对环境造成一定压力。因此，产房和犊牛舍护栏、墙壁、地面在建设时要做到坚实、不留死角、易消毒，确保下水道畅通。

（2）圈舍的清洗、消毒、熏蒸定时进行，年龄相仿的犊牛同时圈养，能做到"全进全出"更好。"全进全出"的饲养方式能使圈舍出现空窗期，防止混养时病原微生物的渐进传播，利于对圈舍彻底消毒。

（3）圈舍应通风良好，同时又要防寒、防暑、防风沙，冬季保暖很重要。圈舍保持干燥，垫草垫料要清洁，做到勤换，减少湿冷应激；另外，还要防止霉变。

（4）加强干奶期、围产期母牛的管理。干奶期母牛要检测隐性乳腺炎，进行乳房保健，防止漏乳，保障优质初乳生产。围产期母牛出现漏乳情况要登记，不能用这些母牛的初乳饲喂犊牛。

（5）产房应该每年更换地点，保持干净、干燥，避免在大棚等陋舍产犊，特别是在深冬和早春。

（6）新生犊牛要单独饲养，避免与成年牛等混养；大的犊牛饲养密度要适中，要合理分群。

（7）喂奶器、喂奶桶、水桶等犊牛接触用具要每天消毒。

（8）采取母牛带犊饲养方式的牛场要有专门的犊牛休息区，供犊牛休息、运动、戏耍。犊牛区要清洁、干燥，垫草要干净、及时更换，粪污要及时清理，环境要按时消毒。

（9）发现患病犊牛要及时隔离，并做好检测诊断，防止传染病传播。

二、营养方面

（1）饲养犊牛要做到"三早五定"，即早吃初乳、早补饲、早断奶，给新生犊牛喂奶要定人、定时、定温、定质、定量，冬季定温更重要。

（2）使用全乳喂养时，坚持使用巴氏杀菌奶，用酸化奶更好，用代乳品替代全乳喂养时要缓慢更换。使用代乳品要严格按说明书进行，保证稀释合理、温度适宜、搅拌均匀。

（3）开食料、粗料要按规定足量饲喂。

（4）断奶要逐渐进行，禁止突然更换饲料。

三、免疫接种方面

（1）根据牛场牛群的疾病流行情况，制定有效的免疫接种程序，定时给牛群免疫接种疫苗，以控制疾病流行，保障犊牛安全出生和成长。

（2）确保初乳的质量和数量，确保犊牛及时吃到足够高质量的初乳，出生后 24 小时吃足 6 千克初乳，减少疾病和伤亡。

（3）每年进行国家规定流行病和地区特有流行病的检测，淘汰不适合留养的牛，防止因病减员，保障牛群自然生长。

四、物理环境方面

做好新生犊牛的保温工作，特别是在冬季，要及时擦干新生犊牛体表上的黏液；犊牛舍的垫草要柔软干燥，并定期更换；环境温度要适宜；圈舍不能有贼风侵入；保持空气流通，防止空气污浊、氨气超标；夏季要防暑降温。

五、及时救治

由致病生物因子引发的腹泻会导致犊牛机体脱水，电解质和酸碱失衡，病程发展迅速且病情严重，要引起兽医的足够重视，发现病例要及时治疗。

六、诊断流程

犊牛腹泻诊断流程见图 5-5。

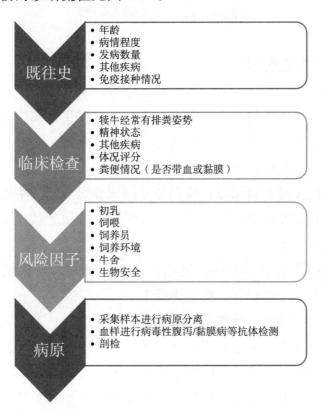

既往史
- 年龄
- 病情程度
- 发病数量
- 其他疾病
- 免疫接种情况

临床检查
- 犊牛经常有排粪姿势
- 精神状态
- 其他疾病
- 体况评分
- 粪便情况（是否带血或黏膜）

风险因子
- 初乳
- 饲喂
- 饲养员
- 饲养环境
- 牛舍
- 生物安全

病原
- 采集样本进行病原分离
- 血样进行病毒性腹泻/黏膜病等抗体检测
- 剖检

图 5-5　犊牛腹泻诊断流程

第六章
犊牛常见呼吸道疾病

第一节　主要特点

一、常见病因

犊牛呼吸道疾病在任何饲养模式下都有发生，其中舍饲和用代乳品喂养、专门饲养奶公犊的育肥牛场犊牛多发。引起呼吸道疾病的原因有以下几种：

（1）初乳得不到保障，特别是专门饲养奶公犊的牛场饲养的犊牛，当初乳喂养量少，胎水没有被及时擦干，新生犊牛受凉和惊吓等时易出现应激体质。

（2）代乳品质量不佳、使用方法不正确等，导致犊牛消化紊乱、营养不良、体质弱、抵抗力低下。

（3）天气突变，特别是北方冬季；圈舍漏风，有贼风侵入对新生犊牛非常有害。另外，圈舍通风不良、空气污浊、低温高湿或高温低湿环境也会导致犊牛呼吸道疾病突发。

（4）环境消毒制度不能坚持、消毒剂种类单一、消毒剂浓度配比不合格、消毒次数不够、消毒时间不够、产房或犊牛舍常年使用等；另外，有些有害微生物得不到及时杀灭，引起的传染性呼吸道疾病呈地方性流行。患病犊牛没有被及时隔离和治疗，长期患病。

（5）成年牛、犊牛混养或不同年龄及来源的犊牛混养或同栏饲养密度过大时，犊牛易患呼吸道疾病。

（6）寄生虫感染。

（7）长途运输，产生应激，生产中由运输应激综合征导致的呼吸道疾病几乎达到凡运必发的程度。

（8）粉尘、有害气体、刺激性气体、烟雾、致敏物质等，日粮霉变等，断奶、转群、合群、去角、去势、突然更换日粮、改变饲养环境等也可引发呼吸道疾病。

（9）其他管理问题，如饮水槽不够、垫草不更换、犊牛运动不足、圈舍卫生脏乱、饲喂犊牛不能做到"五定"，特别是牛奶温度低、代乳品混合不均，犊牛可能先腹泻后患呼吸道疾病，且长期不愈。

（10）突发流行性呼吸道疾病。另外，还包括其他能引起呼吸道症状的一些传染性疾病，如黏膜病、流行热、牛结节病等。

二、症状

患病犊牛流鼻液、打喷嚏、咳嗽、啰音、呼吸困难、可视黏膜发绀、肺气肿、间质性肺炎、胸膜炎等。呼吸困难是呼吸器官疾病的一个重要症状，出现严重呼吸困难时外观可见胸廓肋缘的喘线和喘沟。

第二节　诊断和治疗总体原则

一、诊断

1. 临床基本检查　包括病史问诊、体温测量、咳嗽和鼻液观察、呼吸类别判断、肺脏和心脏听诊、胸壁叩诊。

2. 实验室检查 包括血常规检查、血液生化检查、免疫学检查、鼻液和痰液的显微镜检查、分泌物的细菌培养、胸腔穿刺液的理化检查及细胞学检查等。

3. 特殊检查 包括胸部 X 线检查、纤维支气管镜检查等。

4. 病原学检查 包括病原培养、分离、鉴定，以及 ELISA、PCR、qRT-PCR 等。

二、治疗

主要包括抗菌消炎、祛痰镇咳、对症治疗及辅助治疗。

1. 抗菌消炎 根据呼吸道的剖检结果和生理特点，无论原发病原微生物是什么，随着病情的发展都会继发细菌感染，所以呼吸道疾病的治疗均可以使用抗生素。常用的抗生素见表 6-1（供参考）。

表 6-1 治疗牛呼吸道疾病常用的抗生素（供参考）

药物名称	用法、用量、用药途径	用药时间
青霉素	每千克体重 2 万～3 万国际单位，肌内注射，每天 2～3 次	2～3 天
氨苄西林	每千克体重 10～20 毫克，肌内注射或静脉注射，每天 2～3 次	2～3 天
阿莫西林	每千克体重 5～10 毫克，肌内注射或皮下注射，每天 2 次	2～3 天
头孢噻呋	每千克体重 1.1～2.2 毫克，肌内注射，每天 1 次或每天 2 次	2～3 天
头孢喹肟	每千克体重 1 毫克，肌内注射，每天 1 次	2～3 天
链霉素	每千克体重 10～15 毫克，肌内注射，每天 2 次	2～3 天
卡那霉素	每千克体重 10～15 毫克，肌内注射，每天 2 次	3～5 天
庆大霉素	每千克体重 2～4 毫克，肌内注射，每天 2 次	2～3 天

（续）

药物名称	用法、用量、用药途径	用药时间
土霉素	每千克体重10～25毫克，口服，每天2～3次；或每千克体重10～20毫克，肌内注射，每天1～2次；或每千克体重5～10毫克，静脉注射，每天2次	3～5天或2～3天
四环素	每千克体重10～20毫克，口服，每天2～3次；或每千克体重5～10毫克，静脉注射，每天2次	3～5天或2～3天
多四环素	每千克体重3～5毫克，口服，每天1次	3～5天
氟苯尼考	每千克体重10～20毫克，颈部肌内注射	48小时后再次注射
泰乐菌素	每千克体重10～20毫克，肌内注射，每天1～2次	5～7天
泰拉菌素	每千克体重2.5毫克，皮下注射，一个注射部位给药量不超过7.5毫升	一次给药
磺胺嘧啶	每千克体重50～100毫克，静脉注射或肌内注射，每天1～2次	2～3天
磺胺二甲嘧啶	每千克体重50～100毫克，静脉注射或肌内注射，每天1～2次	2～3天
磺胺间甲氧嘧啶	每千克体重50毫克，静脉注射或肌内注射，每天1～2次	2～3天
磺胺对甲氧嘧啶	每千克体重15～20毫克，肌内注射，每天1～2次	2～3天
恩诺沙星	每千克体重2.5～5.0毫克，肌内注射，每天1～2次	2～3天
马波沙星	每千克体重2毫克，肌内注射或皮下注射，每天1次	3～5天

注：泌乳奶牛用药应注意休药期。

笔者团队在临床上进行细菌培养与药敏试验的一些结果见表6-2，头孢噻呋、氟苯尼考、复方磺胺嘧啶和泰拉菌素均可作为呼吸道疾病的首选治疗药物，供从业者参考。另外，使用抗生素治疗时选择的优先次序还要根据牛场的实际情况，如患病犊牛的年龄、依从性和药物的使用成本等来确定。

表 6-2　鼻拭子样本细菌分离与药敏试验

抗生素	多杀性巴氏杆菌	溶血性曼氏杆菌	昏睡嗜血杆菌
氨苄西林	敏感	耐药	耐药
阿莫西林	敏感	耐药	耐药
头孢噻呋	敏感	敏感	敏感
氟苯尼考	敏感	敏感	敏感
四环素	耐药	耐药	不敏感
替米考星	敏感	敏感	敏感
泰拉菌素	敏感	敏感	敏感
磺胺嘧啶	敏感	敏感	敏感
壮观霉素	敏感	敏感	不敏感

抗生素可以单剂使用，也可以联合使用。治疗过程中要及时监护牛的体温和体况，治疗效果以 24 小时和 48 小时体温变化及体况改变为依据，治疗有效时体温应该每天降低 0.5~1.0℃，在 48~72 小时后降至正常。体况、食欲、呼吸困难的程度应该有相应的改善，效果不佳时应该更换抗生素。抗生素至少要使用 3 天，最好用 5~7 天，以彻底杀菌，确保疗效。

2. 祛痰镇咳

（1）化痰药　临床上常用的药物有氯化铵、碘化钾、碘化钠等。

（2）镇咳药　临床上常用的药物有枸橼酸喷托维林片、复方樟脑酊、复方甘草合剂、杏仁水、磷酸可待因等。

（3）平喘药　临床上常用的药物有麻黄碱、异丙肾上腺素、氨茶碱等。

3. 对症治疗

（1）氧气疗法　在牛病治疗中使用较少，除非有治疗价值的牛。一般使用氧气与二氧化碳混合气体，二氧化碳占 5%~10%。

（2）兴奋呼吸中枢　兴奋呼吸中枢的药品对延脑生命中枢的选择性较高，能兴奋呼吸中枢和血管运动中枢，如尼可刹米、多沙普

仑等。临床使用时要特别注意剂量，剂量过大会引起痉挛性或强直
性惊厥。

（3）强心药　当心脏衰竭时可以使用安钠咖，但要特别注意使
用剂量。

4. 辅助治疗　包括使用抗组胺药和抗炎药。

（1）使用抗组胺药　盐酸异丙嗪，250～500 毫克，肌内注射；
苯海拉明，100～500 毫克，肌内注射；氯苯那敏（扑尔敏），60～
100 毫克，肌内注射；盐酸曲吡那敏（扑敏宁），每千克体重 1 毫
克，肌内注射或静脉注射（见效更快）。

（2）使用抗炎药　临床常用的抗炎药通常为糖皮质激素，包括
氢化可的松、泼尼松、泼尼松龙、甲泼尼松、地塞米松（禁止用于
妊娠牛）等。

注意：糖皮质激素只有抗炎作用而没有抗菌作用，对感染性炎
症只是治标而不能治本。所以，使用糖皮质激素时，应先弄清炎症
的性质，且大剂量反复使用是有害的。糖皮质激素对机体全身各个
系统均有影响，可能使某些疾病恶化。故糖皮质激素禁用于原因不
明的传染病、糖尿病、角膜溃疡、骨软化及骨质疏松症，不得用于
骨折治疗期、妊娠期、疫苗接种期、结核菌素或鼻疽菌素诊断期，
对肾功能衰竭、胰腺炎、胃肠道溃疡和癫痫等的治疗应慎用。

（3）使用解热镇痛药　临床上常选用非甾体抗炎药，包括阿司
匹林、氨基比林、安乃近、保泰松、氟尼辛葡甲胺等。频繁过量使
用非甾体抗炎药会有引起皱胃溃疡和肾脏损伤的风险。抗炎药存在
的退热作用掩盖了抗生素假性有效现象，应注意防范。常用非甾体
抗炎药物剂量见表 6-3。

表 6-3　常用非甾体抗炎药

药物种类	用法、用量、用药途径	用药次数或时间
氨基比林	3～10 毫升，肌内注射或皮下注射	病牛体温恢复后不再使用

（续）

药物种类	用法、用量、用药途径	用药次数或时间
保泰松	（1）每千克体重 4 毫克，静脉注射或口服，每 24 小时 1 次； （2）每千克体重 4～8 毫克，口服；或每千克体重 2～5 毫克，静脉注射； （3）每千克体重 10～20 毫克，口服，然后每千克体重 2.5～5 毫克，每 24 小时 1 次或每千克体重 10 毫克，口服，每 48 小时 1 次	2 次
安乃近	3～10 克，肌内注射或静脉注射	
美洛昔康	每千克体重 0.5 毫克，皮下注射，每天 1 次	3 次
阿司匹林	成年牛每千克体重 15.5～30.0 克，口服，每天 1 次；犊牛每千克体重 35 毫克	
氟尼辛葡甲胺	每千克体重 2 毫克，肌内注射或静脉注射，每天 1～2 次	连续用药不超过 5 天

注：氟尼辛葡甲胺，①不得用于对该药过敏及患胃肠溃疡、胃肠道及其他组织出血、心血管疾病、肝肾功能紊乱及脱水等疾病的犊牛；②不得用于肉用小牛；③勿与其他非甾体抗炎药同时使用。

（4）中药治疗　外感风寒可以使用荆防散、紫苏散，外感风热可以使用款冬花散、桑菊银翘散，咳嗽严重时可以合并使用止咳散。

（5）输液治疗　犊牛患呼吸道疾病时的输液治疗要格外谨慎，液体的量一定要严格控制，防止引起肺水肿，输液时应有专人看管。

三、预防

（1）定期消毒，严格实施出入门户的消毒措施，防止病原微生物进场。

（2）加强保暖措施，防止贼风入侵，减少冷刺激。

（3）夏季加装风扇，降低湿度，减少热应激。

（4）清除粪污，做好粪污的无害化处理，加强环境卫生管理，减少疾病传播。

（5）减少饲养密度，降低粉尘的影响。

（6）改善管理和通风不良，使牛呼吸到新鲜空气，这个比用药更重要。诸多呼吸道疾病都是不利因素（如氨气等）先破坏了呼吸道的防御机制，才使呼吸道病原微生物快速增殖并到达下呼吸道而引发的。

（7）需要进行长途运输时，应做好运输前保健（参考第七章"运输应激综合征"）。

（8）确保初乳供应，在转群和混群前做好驱虫、疫苗保健和抗应激干预。

（9）消除不良因素引起的刺激。

第三节　具体疾病介绍

常见的、对犊牛呼吸道危害比较大的病原微生物有多杀性巴氏杆菌、溶血性巴氏杆菌、昏睡嗜血杆菌、丝状支原体、牛传染性鼻气管炎病毒、牛呼吸道合胞体病毒、牛副流感病毒 3 型、肺丝虫等。另外，常发、散发的下呼吸道疾病病原微生物还有链球菌、葡萄球菌、肺炎链球菌及化脓性棒状杆菌等。

一、多杀性巴氏杆菌病

（一）病原

本病病原多杀性巴氏杆菌是牛呼吸道的常在菌，革兰氏阴性，短杆菌。

（二）流行病学

处于健康状态的犊牛，其下呼吸道能通过机械性、细胞性和分泌性的防御机制阻止多杀性巴氏杆菌在下呼吸道繁殖。当这些防御机制受损时，多杀性巴氏杆菌便可成为条件性致病菌，单独或者与其他致病微生物混合感染，引起呼吸道疾病和肺脏病变。犊牛特别是断奶犊牛更易发生。管理不佳的牛群多发，且呈急性群发，发病率可达10%～50%。有的地方称该病为"地方性肺炎"，即说明有的牛群中多杀性巴氏杆菌呈急性流行或地方性流行。多杀性巴氏杆菌既是原发性病原菌，也常继发于其他传染病。牛多杀性巴氏杆菌病的急性型常以败血症和出血性炎症为主要特征，所以过去又叫"出血性败血症"；慢性型常表现为皮下结缔组织、关节及各脏器的化脓性病灶，并多与其他疾病混合感染或继发。

（三）症状

急性发病牛表现败血型、水肿型和肺炎型3种：

1. 败血型 病牛体温升高至41～42℃，精神委顿、食欲不振、心跳加快，常来不及查清病因和治疗就死亡。

2. 水肿型 病牛除有体温升高、不吃食、不反刍等症状外，最明显的症状是头、颈、咽喉等部位发生炎性水肿，水肿还可蔓延到前胸、舌及周围组织。病牛常卧地不起，呼吸极度困难，最终窒息而死。

3. 肺炎型 病牛主要表现为体温升高（39.7～40.8℃）、沉郁、湿咳、呼吸频率和呼吸深度增加（呼吸困难）、轻度到重度厌食等。急性发病时，在两肺前腹侧可听到干啰音和湿啰音，背侧肺区一般正常，鼻液呈浆液性或脓液性。未吃初乳的新生犊牛感染时还可以引起急性败血症，除有典型的急性肺炎症状外，还会出现脑膜炎、脓毒性关节炎和眼色素层炎，眼、鼻分泌物呈脓性。有些急性病例会转成慢性，慢性病例症状类似于急性病例，在两肺前腹侧可听到显示肺实变的支气管啰音。慢性肺炎病例在饲养条件改变

（如换气不良或有贼风、低温、闷热等）时，会出现呼吸频率加快、呼吸困难，另外还会继发化脓放线菌感染。

（四）病理变化

急性死亡病例双肺尖叶、心叶腹侧区域质地坚实，呈红色或蓝色，有的病例胸膜壁层和脏层会有纤维素覆盖。慢性病例除有类似的肺炎病变外，还有支气管扩张和肺脓肿。血液血象检测显示，白细胞数量增多，核左移。轻度病例的血象可能正常。

（五）诊断

根据发病史、临床症状、肺部听诊可以做出初步诊断，确诊时还需要采取气管洗液样本、咽喉拭子或尸检样本进行实验室检测。实验室检测包括细菌培养、PCR 检测等。也可以采取发病第 1 和 14 天的双份血清，做血清抗体滴度比较，以确诊和验证诊断结果，追溯病原。

（六）治疗

采用抗生素治疗、改善环境和加强饲养管理是最为有效的措施。

1. 杀菌治疗　有多种抗生素可以用来治疗该病，包括氨苄西林、头孢噻呋、红霉素、替米考星、磺胺类药物等。抗生素至少要使用 3 天，最好用 5～7 天，以彻底杀菌，确保疗效。

2. 抗炎治疗　抗炎药的使用和药物剂量参看"第二节诊断和治疗总体原则"。

3. 抗组胺治疗　如盐酸曲吡那敏，可以改善体况和食欲。

4. 扩张支气管 如使用氨茶碱，1～2克，肌内注射。

（七）预防

在预防由多杀性巴氏杆菌引起的犊牛肺炎时，改善管理和通风不良，使牛得到新鲜的空气比用药更重要。因为该致病菌是条件性致病菌，在诸多不利因素（如氨气等）先破坏了呼吸道的防御机制后才能到达下呼吸道。

二、溶血性巴氏杆菌病

（一）病原

本病病原溶血性巴氏杆菌可能是牛呼吸道的常在菌，以非致病性的血清2型存在，革兰氏阴性，短杆状。血清2型在应激因素作用下可以转化为有致病性的1型，具有较强的毒性。

（二）流行病学

溶血性巴氏杆菌有荚膜，可抵抗吞噬作用；能产生外毒素（白细胞毒素），可破坏或致死肺泡巨噬细胞、单核细胞、中性粒细胞；来源于细菌细胞壁的内毒素脂多糖可协助致活补体和凝血过程；有炎性介质趋化因子和溶血素，比多杀性巴氏杆菌的致病性更强，作为独立原发病原菌即可引起呼吸道疾病，是"牛运输综合征"的主要病原之一，由此引发的牛群发病率和死亡率都比多杀性巴氏杆菌的高。饲养管理不佳的牛群多发，常在应激因素存在后的7～15天发病。犊牛比成年牛更易发生，症状也更明显且严重，特别是断奶犊牛。

（三）症状

急性症状有发热（40.0～41.7℃，有的可达 42.2℃）、沉郁、厌食、痛性湿咳、呼吸频率和呼吸深度增加（甚至呼吸困难）、流涎、流鼻液。在两肺前腹侧可听到干啰音或湿啰音、支气管音，有时还可以听到胸腔摩擦音，在肺实质 25%～75% 出现实变时则听不到呼吸音。中轻度病例，背侧肺区听诊可能无异常；重度病例，由于病变区域大，背侧肺区需要代偿呼吸，活动过度，故会出现肺间质水肿、大泡性肺气肿，有的还继发肩胛区皮下气肿。这些区域听诊出现宁静，气管听诊可听到较粗的呼噜声或气泡声。触诊肋间时患牛表现疼痛，呻吟，张嘴呼吸（混合型困难）。

（四）病理变化

急性死亡病牛双肺尖叶、心叶腹侧区域质地坚实、肉样、质脆，有的胸膜壁层和脏层有纤维素覆盖。胸腔积液，液体呈黄色或红黄色。肺实质实变严重的急性病例或慢性病例，肺背侧部出现大泡样肺气肿或间质性水肿，皮下气肿。急性病例白细胞因为过度消耗而减少，中性粒细胞减少，中毒性白细胞增多，核左移，血液纤维蛋白原增加。

（五）诊断

充分了解患牛是否经历过运输、换群、断乳，以及近期是否有天气的剧烈变化、饲养密度是否过大、厩舍是否通风不良等情况，根据临床症状、肺部听诊可以做出初步诊断。确诊还需要采取气管洗液样本、咽喉拭子或尸检样本进行实验室检测，包括细菌培养、PCR 检测。也可以采取发病第 1 和 14 天的双份血清，做血清抗体滴度比较。

（六）治疗

治疗方法与多杀性巴氏杆菌病的相同，用抗生素治疗，但改善环境和加强饲养管理是最为有效的措施。所不同的是，本病具有强的抗药性，且抗药谱广。同时，病变部位面大且坚实，脓液浓稠，药物达到病变部位受阻或者药物在病变部位达不到抑菌浓度，使得在体外敏感试验中能抗菌的药物也起不到很好的治疗作用或作用不佳，杀菌药物的选择受限，治疗效果不好。兽医要选择广谱抗菌素，尽量使用敏感药物，另外还应注意药物的剂量、投药方式和次数。

对张口呼吸、严重呼吸困难、肺水肿的病例，可以使用阿托品肌内注射（每 45 千克体重 2.2 毫克），以缓解支气管平滑肌痉挛、减少黏膜分泌。该病预后要谨慎，24～72 小时临床症状得以改善的病例预后良好。

三、昏睡嗜血杆菌病

（一）病原

本病病原昏睡嗜血杆菌，为多形性小型球杆菌，革兰氏阴性，在体外存活时间很短。本菌为牛下呼吸道病原微生物，但偶尔会在呼吸道中分离到。

（二）流行病学

该病病原可单独致病，也可与其他呼吸道病原混合感染或联合致病，能产生外毒素，可破坏或致死肺泡巨噬细胞、单核细胞、中性粒细胞和血管内皮；来源于细胞壁的内毒素脂多糖可协助致活补体和凝血过程，形成血栓，存在炎性介质趋化因子和溶血素。在正常呼吸道菌群改变或有其他病原存在时更容易造成下呼吸道感染。

（三）症状

昏睡嗜血杆菌能感染牛的多个部位，包括呼吸道、生殖道、脑脊髓、心脏、关节等，症状多样。因感染部位不同而呈现不同病理过程，如关节肿大、阴道炎、子宫内膜炎、不孕、流产、犊牛带菌等，带菌犊牛体弱或有发育障碍。感染牛发热（39.7～41.4℃）、精神沉郁、食欲减退、流鼻液、偶尔流涎、痛性湿咳，呼吸频率和呼吸深度增加（40～80 次/分钟），产奶量下降。在两肺前腹侧可听到支气管音、干啰音或湿啰音。有些患牛因呼吸困难而表现焦躁不安，但不愿走动，在育肥牛可以引起神经症状（跛行、蹒跚、强直或角弓反张、运动失调、肌肉震颤、感觉过敏等）和败血症。

（四）病理变化

出现肺炎时的肺部变化与巴氏杆菌感染相似，在一些牛巴氏杆菌病病例中，牛昏睡嗜血杆菌可能是主要并发病原菌，但生长较快的巴氏杆菌和用抗生素治疗会掩盖生长较慢但毒力更强的牛昏睡嗜血杆菌。有神经症状的牛会有血栓性脑脊髓炎或脑脊髓出血性坏死，典型病例有脑膜出血、脑切面有出血性坏死软化灶。

（五）诊断

由于出现昏睡嗜血杆菌性肺炎时的肺部变化与巴氏杆菌感染相

似，故单依靠症状和病理变化不能确诊。虽然血栓性脑脊髓炎病例的脑内出血性坏死灶具有诊断价值，但还是由病变组织分离细菌确诊比较准确。另外，广谱抗生素治疗无效可以说明患昏睡嗜血杆菌性肺炎的可能性比较大。全血细胞计数没有特异性，白细胞表现退行性变化，核左移，血液纤维蛋白原水平增高。

（六）治疗

治疗的敏感药物是氨苄西林（每千克体重 11～22 毫克，肌内注射）、头孢菌素、恩诺沙星等，抗生素治疗 24～72 小时体温降至正常范围显示治疗有效。有呼吸道症状者可使用中药治疗，如鱼腥草 20 克、金荞麦根 15 克、杏仁 15 克、厚朴 15 克、蜜炙麻黄12 克。

（七）预防

改善饲养管理条件，增加通风量。

四、支原体性肺炎

（一）病原

由支原体引起牛的呼吸道疾病也称传染性胸膜肺炎，病原是丝状支原体，传染源是处于排毒期的病牛，传播媒介是空气，病牛通过飞沫把病原传播给临近的易感牛。支原体可能是一些牛上呼吸道常在菌。在犊牛慢性肺炎中能分离到支原体的病例占 50%，且呼吸道中存在支原体的肺炎病例很少是单一病原，同时感染的病原有溶血性巴氏杆菌、多杀性巴氏杆菌、昏睡嗜血杆菌、化脓放线菌、化脓棒状杆菌和呼吸道病毒等。

（二）流行病学

在很多牛场，支原体无处不在，几乎从所有牛包括犊牛、青年牛和成年牛中都能分离到，环境稳定时牛表现正常。由于支原体能黏附在没有肺泡巨噬细胞分布的纤毛上皮上，躲避细胞吞噬，并能引起黏液纤毛运输机制抑制、体液和细胞介导免疫抑制，会引起牛轻度肺炎和防御机制减弱，故可能先于其他病原（病毒和细菌）感染支气管和肺部。自然感染病例散发且症状轻微，易被忽视。严重时大面积暴发，发病率在 60％以上。

（三）症状

感染牛的临床症状表现差异很大，流行的同一时间可以存在急性型、亚急性型、慢性型等不同表现的病例。犊牛感染后常会导致关节受损。急性病例的临床症状有发热、嗜睡、食欲减退及痛咳，痛咳姿态表现为颈部向前下方伸直，四肢外展，嘴角张开，舌头伸出，鼻与口腔有不洁分泌物。妊娠母牛可能会流产，流产的胎液中含有大量支原体。由支原体单独引起的犊牛肺炎症状轻微，发热（39.7～40.6℃），轻度沉郁，食欲正常，早晨有少量脓性鼻涕，仅在运动时出现干咳，呼吸频率轻度增加（40～60 次/分钟）。夏季出现的病例，气温低（28℃以下）时症状较轻，出现高温天气时会出现发热和气喘。犊牛典型的症状还有因纤维素性滑液囊炎引发的单侧关节肿胀，前肢腕关节多发。混合感染时症状与所感染的其他微生物相关，虽然症状相似，但用相关药物治疗的效果较差；相应的，在用敏感药物治疗肺炎时，如果治疗效果差，就要怀疑病例是否存在混合感染。慢性肺炎病例通常同时存在溶血性巴氏杆菌、多

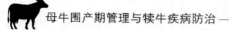

杀性巴氏杆菌、昏睡嗜血杆菌中的一个或多个病原。

(四)病理变化

由单一支原体引发的肺炎，剖检可见肺心叶和尖叶的腹侧部外观膨胀不全，呈红色、灰色、蓝色实变，病变坚实，呈大理石样，间质水肿或有纤维素样沉积，切面有脓样液体流出，病变组织与健康组织有明显界限。纵隔淋巴结肿大、水肿，肾脏有梗死现象（少见）。胸腔充满大量淡黄色的炎性液体，液体中存在纤维蛋白碎片，胸膜可见局限性或弥漫性病变，呈煎蛋样。有混合感染时，肺脏的病理变化更为严重和多样。支气管周围出现淋巴样细胞增生，并随时间的延长而扩大，组织病理呈现套袖样增生（套袖样肺炎）。

(五)诊断

根据发病群体的临床症状和病史可以初步诊断，确诊时需要依靠气管冲洗液、关节液或肺脏样本的微生物培养和 PCR 检测。

(六)治疗

单一支原体感染时，有效的治疗药物有盐酸土霉素（肌内注射）、红霉素（肌内注射）、泰乐菌素。泌乳奶牛要注意休药期。替米考星也有效，但禁用于泌乳期奶牛和肉犊牛。对断奶犊牛可以拌料口服治疗。另外，还可以使用中药治疗进行治疗，即麻黄 15 克、杏仁 15 克、生石膏 45 克、生甘草 15 克、鱼腥草 20 克、黄芩 15 克、厚朴 15 克、陈皮 15 克。

当病料中有支原体与溶血性巴氏杆菌、多杀性巴氏杆菌、昏睡嗜血杆菌同时被分离或检测出来时，抗菌治疗首先针对细菌性病原。实践中如果使用针对细菌敏感的药物，同时改善管理因素，即使无需治疗因支原体引起的症状，犊牛也可以恢复。

另外，合并感染的细菌性病原还有肺炎球菌、链球菌、葡萄球菌、化脓杆菌、副伤寒杆菌、霉菌孢子等，在诊断和治疗时要加以考虑。

五、牛传染性鼻气管炎

（一）病原

牛传染性鼻气管炎病原为I型疱疹病毒（bovine herpes virus-I，BHV-I），潜伏期 3～7 天。

（二）流行病学

病毒会以多个型感染多个部位，包括呼吸道型（BHV-I.1，上呼吸道和气管炎）、结膜型、生殖道型（BHV-I.2，侵害生殖道后段，引起传染性脓包性外阴道炎、流产）、败血型（BHV-I.3，以新生犊牛脑炎和舌的局灶性斑状坏死为特征）等。呼吸道型传播的主要途径为鼻腔或眼的分泌物，通过空气传染最为常见，可以单发，也常与结膜型联合发生。流产可以出现在各个型中，迟发往往在急性病例流行后数周（4～8 周）出现。脑炎型常感染 3 月龄以下且没有获得有效抵抗该病毒的被动型抗体（初乳获取不足）的犊牛。污染牛场常只出现一个主要类型。

与其他的疱疹病毒感染特点一样，被感染过的牛呈隐性，病毒隐匿在三叉神经节中，当有应激因素（分娩、传染性疾病、运输应激、皮质激素的长期使用等）存在时病毒会脱落，侵袭机体，引发疾病。自然发病或免疫接种产生的有效抗体存在时间较短（免疫性持续时间短），只有 6～12 个月。

（三）症状

呼吸道型病例也称"红鼻病"，多发生于 6 月龄以上的牛，临床症状表现差异较大，6 月龄至 2 岁的青年牛发病时症状最为严重，有温和型、亚急性型、急性型和最急性型。急性型表现：高热（40.6～42.2℃），呼吸频率加快（40～80 次/分钟），沉郁、厌食，流大量浆液性鼻液。感染 72 小时后鼻液黏稠，有脓性，痛咳，鼻镜出现坏死痂，鼻黏膜、鼻中隔黏膜、外鼻孔和鼻镜处可见白斑，鼻黏膜和口腔黏膜有时出现溃疡，能闻到有机物坏死的气味。听诊肺部有很粗的气管啰音，有时啰音会遍及整个肺部，偶尔有支气管炎或细支气管炎发生或肺部病变，除非有继发细菌感染。

呼吸道型的典型特征：一是突然暴发呼吸道疾病，逐渐波及不同年龄段的牛群，因病毒毒力、感染水平和感染程度不同，病期短则几周，长则数月。二是感染后 2～3 周发病率达到高峰，4～6 周发病率明显下降，死亡率在 10% 以上。急性感染期或急性发病 4～8 周的妊娠母牛可能出现流产，在妊娠的任何月份胎儿都可能死亡，流产多数发生在妊娠中期或后 3 个月。结膜型与呼吸道型经常同时发生，结膜型病例有严重的结膜炎，可以是单侧，也可以是双侧，出现浆液性渗出物，2～4 天后转为黏液脓性渗出物，睑结膜出现白斑，有些患牛角膜周边水肿，但不出现溃疡。成年牛暴发牛传染性鼻气管炎期间或急性发病之后，新生犊牛偶尔出现脑炎型牛传染性鼻气管炎或在舌的腹侧面出现坏死斑。

（四）病理变化

Ⅰ型疱疹病毒通过损伤黏膜层和直接感染肺泡巨噬细胞，进而抑制纤毛运输机制、降低下呼吸道的物理和细胞防御机制，混合细菌感染时下呼吸道防御机能会出现多重损伤和免疫抑制。单发病例的死亡率低，混合感染时特别是感染牛病毒性腹泻病毒时死亡率可能很高。

鼻镜出现坏死痂，睑结膜、鼻黏膜、鼻中隔黏膜、外鼻孔和鼻镜处可见白斑，白斑的组织病理为黏膜固有层淋巴细胞和浆细胞聚集。喉和气管内有黏液性脓性渗出物或纤维素性假膜和溃疡。

（五）诊断

根据流行性、病史、发热等症状，如鼻镜出现坏死痂、鼻镜及鼻黏膜出现特异性白斑等可做出初步诊断；确诊要进行实验室分离病毒，或用急性病例（发病 7 天之内）的黏膜病变或白斑刮取物进行免疫学检测和 PCR 检测。

（六）治疗

对单一牛传染性鼻气管炎没有特异治疗方法，一般 7～10 天后患牛逐渐恢复。但并发或继发病毒、细菌或支原体感染时急需抗生素和对症治疗，常用的抗生素有青霉素、链霉素、土霉素等。

（七）预防

主要有以下几个方面：
（1）合理的免疫接种能获得较好的防疫作用。
（2）牛群采取自繁自养方式扩群。
（3）只引进阴性牛。因为其存在隐性感染，临床表现正常的牛可能检测不到病毒。判断牛群是否感染的唯一方法是对未免疫牛群所产的牛奶和血液进行抗体检测，抽检多头、各年龄段、多批次样本。检测阳性说明已经感染，检测阴性不能说明没有被感染，但不能排除隐性感染。只有反复多次检测多头牛，检测结果呈阴性才可以表明牛群没有被感染。

（4）减少应激。

（5）严格控制进出场的人员与车辆，加强环境消毒。

六、牛呼吸道合胞体病毒病

（一）病原

该病病原牛呼吸道合胞体病毒为副黏病毒科的肺炎病毒，因在牛体内感染和体外培养时能诱导感染细胞产生合胞体而得名。通常引起成年牛的亚临床感染，是犊牛最重要的呼吸道病原之一。

（二）流行病学

感染牛的发病率高，并伴随中度到重度的呼吸道症状，但单独发生时感染牛的死亡率低。3～9月龄犊牛易感，潜伏期2～5天。

（三）症状

急性暴发牛场，1周内可引起牛群高的发病率，感染牛表现为发热（40.0～42.2℃）、沉郁、厌食、流涎、流浆液性至黏液性鼻液、眼有分泌物、咳嗽、呼吸急促、产奶量下降、呼吸困难，单纯性呼吸频率加快（40～80次/分钟）至张口呼吸都会出现，在部分牛的背部皮下可触摸到气肿，搓捻时有捻发音，特别是在肩峰处。

临床症状有时呈双相性，刚发病时出现比较严重的症状（第一相）。随后数天症状明显改善，在初次改善后的数天或数周突然出现急性严重的呼吸困难（第二相），发展成肺气肿。第二相的呼吸困难是由于抗原-抗体复合物介导的疾病或是下呼吸道的超敏反应，如果出现第二相，常会导致感染牛死亡，死亡率可达 20%。

肺部听诊可听到多种病理呼吸音：支气管水泡音、支气管音，继发细菌感染引发支气管肺炎时还会出现啰音。严重病例表现为呼吸困难，但肺部听诊呈广泛性宁静（听不到声音），这是因为肺间质弥漫性水肿和气肿压迫小气道，使肺的通气量减少造成的。有增生性肺炎时出现同样现象，小气道被闭塞或减少。如果继发细菌感染性肺炎，则支气管音或啰音可在肺前腹部听到，而肺背部和后部因机械性过劳增加了水肿和气肿的程度，故变得比较宁静。这时感染牛呼吸明显困难，甚至张口呼吸，伴随呼吸可听到"嗯嗯"声或呻吟声。

（四）病理变化

该病病毒主要在呼吸道纤毛上皮细胞复制，细支气管上皮细胞受损，导致坏死性细支气管炎，使肺泡细胞融合形成合胞体（多核细胞）。不感染巨噬细胞，但会改变巨噬细胞的功能，缩短淋巴细胞的生活周期，抑制淋巴细胞的反应性，可破坏黏液运输机制，也可通过抗原-抗体复合物与补体结合导致下呼吸道损伤。另外，该病病毒还可以引起免疫抑制。细支气管、肺泡内的细胞坏死物和渗出物的积累，有利于细菌增殖，成为继发感染的基础。

目前，该病病毒的传染途径不清楚：病毒是潜伏在健康牛群中还是由外界带入有待进一步探讨。有人认为牛是保毒畜主，持续感染个体是病毒在牛群中持续存在的主要因素，但病毒活化、复制、扩散的机理尚不清楚。剖检死亡病例可见明显的肺间质弥漫性水肿和气肿，水肿和气肿区域的后、背侧肺区有散在的实变，这是本病发生的特异性病变。

（五）诊断

根据临床症状可做出初步诊断，特别是急性发作时出现的高热、皮下气肿及听诊肺部有弥漫性宁静、呼吸困难等。但应注意，多种疾病都有相似的症状，实验室诊断是唯一确诊方法。可以采取咽部拭子、鼻咽拭子、剖检的肺脏样本，进行 PCR 检测病原。需要说明的是，牛呼吸道合胞体病毒在组织中停留的时间很短，需要在疾病的早期阶段采取样本。对一些比较珍贵的牛或种牛场，可以在疾病康复后对牛群做回顾性诊断，需要采取发病第 1 和 14 天的血清做抗体滴度测定。初乳抗体不能防止牛呼吸道合胞体病毒感染。

（六）预防

该病发生时没有特效的治疗方法，日常饲养中应该加强管理，采取生物安全措施，减少应激，改善饲养环境，犊牛与成年牛不混养。

七、牛副流感病毒病

（一）病原及流行病学

牛副流感病毒病是由副流感病毒 3 型引起的，世界各地的牛都有感染。一般为轻型病理过程，除非继发细菌感染，通过气溶胶和直接接触传播，是犊牛流行性肺炎和长途运输应激综合征的病原之一，通风不良、拥挤等可加剧病情。

（二）症状

单纯牛副流感病毒感染后通常比较温和，只引起感染牛发热（40.0～41.7℃），鼻和眼有浆液性分泌物，咳嗽，部分犊牛沉郁、厌食，呼吸频率增加（40～80 次/分钟），肺部听诊可听见肺下部支气管罗音，少见死亡，一般 7 天后恢复。继发感染细菌会加重病情，延长病程。

（三）病理变化

该病病毒感染犊牛上呼吸道和下呼吸道，破坏纤毛上皮细胞、肺泡上皮细胞和肺泡巨噬细胞，损害黏膜层，致使黏液纤毛的清除功能受到抑制，引起支气管炎和细支气管炎，细小呼吸道充满脓性渗出物，易继发细菌感染。

（四）诊断

感染牛无特异性症状，实验室检测是唯一确诊的方法。采取病理样本需要在急性发病期，否则也可能检测不到病原，也可以采取双份血清帮助诊断。剖检死亡病牛可能因为继发感染细菌肺炎而复杂化，可能因为采样时机不对而检测不到病毒。

（五）治疗

本病发生时没有特效的治疗方法，只能对症治疗。可采取中药治疗：羌活、独活、柴胡、前胡、枳壳、茯苓、荆芥、防风、桔梗、川芎各 15 克，生甘草 10 克。

八、肺丝虫病

(一) 病原及流行病学

肺丝虫成虫寄生在气管和支气管,虫卵在气管内孵化或咳出经吞咽进入消化道,在排出前的粪便中孵化,发育成第三期感染性幼虫仅需 5 天。牛食入被污染的饲草或垫草,进入肠道的幼虫穿过肠壁定居在肠系膜淋巴结,1 周后发育成第四期幼虫,通过淋巴管或血管移行到肺脏。幼虫到达支气管后发育成最后的第五期幼虫,并在这里发育成成虫,从感染幼虫进入体内到发育成产卵成虫约需 4 周 (潜伏期)。

(二) 症状

原发感染牛有不同程度的呼吸困难,典型的深咳,整个肺区都可以听到弥漫性湿啰音或爆破音。食欲正常,感染严重的牛呼吸严重困难,甚至张口呼吸、咳嗽。症状经常发生在再次感染后的14～16 天。

(三) 诊断

根据发病史和物理检查可以初步诊断,群发、体弱、深咳、湿咳和整个肺区的湿啰音是特征性症状。血液学检测可见嗜酸性白细胞增多。气管冲洗物镜检可见虫卵、幼虫、嗜酸性细胞,死亡病例呼吸道内可见成虫。继发细菌感染病例会见到气管炎、支气管肺炎,慢性病例还可见慢性支气管炎、支气管扩张和继发性闭塞性细支气管炎。

感染肺丝虫等的牛有时不表现症状，但虫体或其代谢物会损伤呼吸道黏膜，改变呼吸道黏膜的功能和正常菌群，有利于病原微生物定殖和异常繁殖，引发其他呼吸道疾病。

（四）治疗

隔离治疗犊牛。有效治疗药物有硫酸左旋咪唑（每千克体重 8 毫克，口服）、苯硫咪唑（每千克体重 5 毫克，口服）、阿苯达唑（每千克体重 10 毫克，口服）、伊维菌素（每千克体重 0.2 毫克，肌内注射或口服）。

在治疗确诊的、有呼吸道症状的呼吸道寄生虫病时，同时要进行抗菌的预防性治疗，抗生素药物能防止细菌继发感染，但不能减轻呼吸困难和咳嗽。二次感染呼吸道寄生虫时出现免疫介导反应，使用左旋咪唑注射液的效果更好。

（五）预防

（1）患病牛治疗后不能立即放回原牛群（被污染圈舍），否则还会继续排出感染性幼虫。

（2）污染圈舍的粪污要集中堆积、发酵，以消杀虫卵。

第七章
犊牛其他常见疾病

第一节　白　肌　病

一、病因

白肌病是由于犊牛体内缺乏微量元素硒和维生素 E 而引起的以骨骼肌、心肌、肝脏组织变性和坏死为特征的疾病。硒对机体具有抗氧化、抗衰老、抗癌、增强免疫力、调节甲状腺、促生长、拮抗某些元素（铅、氟等）的毒害等作用。维生素 E 是天然的抗氧化剂，与硒有协调作用。

犊牛生长发育速度快，代谢旺盛，对硒和维生素缺乏的反应很敏感。犊牛饲养在硒含量低于 0.5 毫克/千克的地区，可能缺硒（每千克饲料中硒含量低于 0.05 毫克时为缺硒饲料）；另外，冬、春季节青绿饲料缺乏，会使一些食源性维生素 E 供应不足；饲料的储备条件不佳，产生过氧化物，破坏了饲料中的维生素 E，当犊牛血清维生素 E 低于 2 毫克/升即认为缺乏维生素 E。但是如果日粮中有充足的硒时，犊牛对低水平血清维生素 E 无明显反应。

二、病理变化

最主要的病理变化是肌肉组织的变性、出血、坏死，外观呈局限性发白或发灰的变性区，似煮肉状，对称，大块肌肉（肩胛部、胸背部、腰部、臀部肌肉）变化明显，呈渗出性素质；心肌变薄、扩张，呈灰白色和黄白色的条纹及斑块（称虎斑心）；肝脏肿大，切面有槟榔样花纹（称槟榔肝）；肾脏实质有出血点和灰色斑状病灶；胰脏体积变小，外分泌部分变性坏死。

具有特征性的血液生化指标变化是血清肌酸磷酸激酶（CPK）活性增高。牍牛的正常 CPK 水平为（26±5）单位/升，患急性肌营养不良的牍牛 CPK 会超过 1 000 单位/升，甚至增高至 5 000～10 000 单位/升。

三、症状

牍牛硒和维生素 E 缺乏的主要症状是由骨骼肌营养不良所致的姿势异常和运动功能障碍，如发育受阻、步态强拘、站立不稳或困难、喜卧及臀背部等大块肌肉明显僵硬；心肌组织变性，引起心律不齐、心动过快、心功能不全；顽固性腹泻等消化功能紊乱。

四、诊断

根据发病年龄、群体反应、临床症状（运动障碍、群发顽固性腹泻等）、特征性病理变化（骨骼肌营养不良、心肌虎斑样变、肝脏槟榔样变等）可以做出初步诊断；同时还要做好流行病学调查，如检测土壤、饲料、肝组织、血液中的硒含量，当肝组织中的硒含

159

量低于 2 毫克/千克、血液中的硒含量低于 0.05 毫克/千克、血清肌酸磷酸激酶超过 1 000 单位/升时，即可诊断为硒缺乏症。

在临床诊断不明确时，可以进行补硒的治疗性诊断，肌内注射 0.1% 亚硒酸钠注射液 5 毫升，如果临床症状改善即可初步诊断为硒缺乏症。

五、治疗

对有明显临床症状的犊牛，肌内注射 0.1% 亚硒酸钠注射液 3～5 毫升，隔日 1 次，配合肌内注射维生素 E 制剂（醋酸生育酚注射液）0.5～1.5 克/（头·次）。也可一次性肌内注射亚硒酸钠维生素 E 注射液 2～4 毫升，全群犊牛采取亚硒酸钠拌料供给，每千克饲料中添加硒 0.1～0.3 毫克，最大量不能超过 0.5 毫克。

慢性病例可能形成肌肉损伤和生理变化，可以在补充硒和维生素 E 的同时，对症使用浓糖水、维生素 C、丹参注射液等营养心肌，用以缓解症状。

六、预防

在缺硒地区，采用混合饲料添加亚硒酸钠的方式饲喂母牛及犊牛。同时，每头犊牛每天补充 50～150 毫克维生素 E。

需要提醒的是，硒具有一定毒性，治疗或日常添加不可过量，拌料时要均匀，以防中毒。急性中毒犊牛表现为步履不稳、食欲丧失、结膜发绀、视觉障碍、呼吸困难等症状。中毒初期有视觉障碍、盲目转圈、食欲减退，随后四肢肌肉瘫痪，呼吸困难，视力丧失，严重中毒犊牛会因呼吸衰竭死亡。慢性中毒犊牛表现为消瘦、沉郁、失明、贫血、被毛干枯变脆、脱毛、关节强直、蹄甲脱落、繁殖障碍等症状。犊牛亚硒酸钠注射致死量为每千克体重 1.2 毫克。

第二节　低镁血症

一、病因

低镁血症也称青草搐搦、青草蹒跚，以血清镁浓度降低为主要特征，常伴有血清钙浓度降低（至少有80％），是犊牛猝死的常见原因之一。造成血清镁浓度低的原因有以下几种：

（1）生产牧草或粗饲料的土壤中镁浓度低；

（2）牧场大量使用氮肥、钾肥，使牧草中的镁含量降低；

（3）不同牧草中镁的含量和利用率不同，比如三叶草等豆科植物中的镁含量较其他牧草的高，速生的黑麦草中镁的含量较低；

（4）春季萌生的幼嫩牧草中钾、磷、蛋白质含量高，镁、钙、钠、糖含量低；

（5）镁伴随钙而存在，高钾会竞争性地抑制镁的吸收，同时还会使机体钙的排泄量增加。

对于放牧牛群，由冬季舍饲转入春季生有幼嫩青草的牧场，单次食入大量青草时易发低镁血症；食欲降低或腹泻的犊牛对镁的吸收能力降低。

对于哺乳犊牛，如果大量饲喂常乳或替代乳而限制其他饲料时会群体多发。新生犊牛的血镁浓度与母牛的相似，初乳中的镁离子浓度较高，犊牛肠道对镁的吸收效率也很高，此时犊牛不会出现低镁血症。常乳中镁的浓度随母牛饲料的变化而发生变化，浓度较低。随着年龄的增长，犊牛肠道对镁的吸收效率也降低，3月龄时降到最低。虽然骨骼会释放一些镁进入血液以维持血镁浓度，但如果不补充镁制剂或富含镁的饲料，犊牛就会出现低镁血症。因此，犊牛的低镁血症一般出现在3月龄以后，也有因为腹泻或消化不良引起2周龄犊牛低镁血症的。犊牛日需镁量为1～5克，具体需要量以生长速度和体重而定。

二、症状

轻型病例或亚急性病例：对刺激反应过度，惊厥，头部颤抖或甩动，耳部频繁抖动或后转，步态强拘，磨牙，频频排尿，低头困难，共济失调，惊厥期可能断断续续持续 2～3 天，但体温正常。

重型病例或急性病例：头部昂起，惊厥，角弓反张，四肢痉挛或倒地后四肢划动，大小便失禁，脉搏增加（可达 200 次/分），体温升高，黏膜发绀。有的病例在抽搐、四肢划动后会出现平静期，但抽搐会重复发生，在蹄周地面形成划动痕迹。也有未发现症状即死亡的病例。特别是在受到驱赶或惊吓（噪声）时，犊牛可能会倒地抽搐，呼吸骤停，于几分钟内死亡。

三、诊断

根据临床症状、饲喂方式、季节、牧草类型等进行初步诊断。具有诊断意义的生化指标是血镁降低，健康牛血镁浓度为 22～34 毫克/升。虽然血镁浓度低于 5 毫克/升才会出现急性症状，但只要低于 20 毫克/升就要考虑低血镁症的风险，这个血镁水平会使犊牛处于亚临床状态。诊断时要进行群体检测，抽查 5～10 头犊牛，评估群体血镁水平，了解饲料营养状态。死亡犊牛的血清和组织镁浓度没有诊断意义。同时，还要检测血清钙水平，血清钙降至 50～80 毫克/升对低血镁症的发生具有重要意义，有的患牛血清镁浓度已降低数日，如果血清钙不降低则不表现临床症状，只要血清钙水平下降，24 小时即出现临床症状。犊牛血清钾会升高，特别是急性抽搐病例。尿中镁离子的缺失也具有诊断意义。

治疗性应答效果有助于诊断。特别是对于急性病例，来不及检测血清镁、血清钙和血清钾水平时，使用药物治疗不但具有诊断作用，而且能及时缓解犊牛临床症状。

本病须与破伤风、急性铅中毒、狂犬病、脑炎、产气荚膜梭菌感染等进行鉴别诊断。

四、治疗

急性病例治疗比较困难，或在治疗前犊牛已经死亡，或在治疗过程中犊牛发生死亡。治疗的成功率与犊牛惊厥的时间相关，惊厥时间越长，治疗的成功率就越小。

治疗方案 1：缓慢静脉输注 23％硼葡萄糖酸钙 100 毫升和 25％硫酸镁 20 毫升的混合液，8～10 分钟输完，随后皮下缓慢注射25％硫酸镁注射液 50 毫升。如果治疗 30 分钟后犊牛可以被唤起，则之后改为口服氧化镁制剂，2 月龄 2 克、3 月龄 3 克，连用 7 天。

治疗方案 2：静脉输注 23％硼葡萄糖酸钙 100 毫升，皮下注射25％硫酸镁 50 毫升。

两种方案都可以取得很好的治疗效果。皮下注射硫酸镁制剂可能导致骨髓机能减退和心功能障碍，应该尽可能控制用药量。如果是腹泻引发的血镁浓度过低，则要将治疗腹泻与纠正低血镁同时进行，特别是长期腹泻的犊牛，可能会出现骨骼镁大幅流失的情况，此时口服镁制剂要加倍，治疗时间要长；待病情稳定后，于饲料中添加补充镁制剂。

五、预防

低镁血症最简便的预防方法是精饲料中添加镁制剂（氧化镁）。针对犊牛的发病原因，在管理上要精细，减少腹泻的发生；给犊牛补充粗饲料要及时，一般 10 日龄即可添加优质干草；在常发病的牛场，给母牛添加氧化镁，每天 60 克，或使用石粉料补充矿物质。

第三节　磷、钙及维生素 D 缺乏症

一、病因

磷、钙及维生素 D 缺乏可以引起犊牛、低磷血症、佝偻病、成年牛软骨病，三者缺乏症密切相关。该病通常发生在生长较快的犊牛中，饲料中磷、钙和维生素 D 缺乏或钙、磷比例不合理或吸收不良是主要原因。

（1）犊牛长期采食高磷或单纯谷物饲料可以引起间接钙缺乏。

（2）饲料中过多的钙、铁、铝等元素可以导致机体缺磷。

（3）饲料中磷、钙比例不符合犊牛生理需求会影响吸收，导致缺磷或缺钙症的发生。比如，饲料中钙含量过高时会降低磷的利用率，磷过多时则会降低钙的吸收。

（4）新生犊牛由于哺食母乳，故一般不会出现磷、维生素 D 缺乏症；但哺乳期犊牛如果缺乏青绿饲料或缺乏阳光照射会造成维生素 D 缺乏，则会影响饲料钙、磷的吸收，严重的维生素 D 缺乏会加重磷缺乏症状。磷、钙及维生素 D 缺乏易发生在犊牛断奶之后的一段时间。

（5）饲料中缺磷比较普遍，特别是在严重干旱年份，犊牛会因母乳缺磷而出现缺磷症。

（6）消化紊乱、腹泻等会影响磷、钙及维生素 D 的吸收。

犊牛日需钙 10～30 克，日需维生素 D 为每千克体重 7～12 单位，饲料中的最佳钙、磷比例为 2∶1。犊牛对维生素 D 的缺乏比成年牛敏感。

二、症状

磷、钙和维生素 D 缺乏会导致犊牛长骨和软骨基质钙化不足，暂时性钙化区增生。但新的骨样组织却不能发生骨盐沉积作用，骨干骺端和长骨生长区肿大，尤其是远端指（趾）骨、掌骨、球节和冠关节，关节及类软骨结合处膨大。由于受体重压力的作用，犊牛局部疼痛明显，表现一定程度的跛行。病程长的犊牛，前肢向前或侧向弯曲，外观两前肢呈"（）"状；后肢跗关节内收，呈"八"字形叉开腿站立，肋骨和肋软骨连接处出现串珠状，步态僵硬。有些病牛低头、背部弓起、尾部上翘、喜卧，此为犊牛佝偻病。

低磷牧草会引起相对或绝对缺磷，症状类似于佝偻病，患病犊牛生长缓慢。典型症状一般为异食癖、食骨癖、跛行、消瘦、僵直、卧地，长骨易骨折。

三、诊断

根据生长发育异常和临床症状可以做出初步诊断，具有确诊意义的是血清磷浓度和碱性磷酸酶浓度变化。正常犊牛血清磷浓度为40～50毫克/升，患佝偻症的犊牛血清磷浓度为15～35毫克/升，甚至更低。有些低血磷病例伴随正常的血清钙水平，但碱性磷酸酶升高。磷、维生素D缺乏时，血清磷水平会降低，X线透视检查可见骨密度降低，骨骼末端呈弥散状。磷、钙及维生素D缺乏症的犊牛血清钙浓度一般不降低，重症缺钙或在最后阶段才会出现降低，机体呈现很好的代偿和调节能力。

怀疑犊牛患有磷、钙及维生素D缺乏时，应该对饲料进行检测评估，对照犊牛生长阶段的营养需求，验证和鉴定诊断结果。

四、治疗

治疗要依据牛场的具体情况而定，测定、分析犊牛的血清钙、血清磷和血清碱性磷酸酶浓度，检测饲料中钙、磷、维生素D以及相关微量元素含量。现在的犊牛饲养场/户都很重视补充钙，对磷的缺乏不够重视，有些病例血清钙水平正常，但存在低血磷问题。犊牛钙缺乏时常伴随磷缺乏。对于轻微的钙、磷缺乏或失衡，补充维生素 D 即可，每千克体重 3 000～5 000 单位一次性肌内注射维生素 D 可以满足 1～3 个月的生长需要。由饲料或药物补充钙、磷时要按比例添加补充，钙、磷比例应为 2：1。补磷可以使用磷酸钙或磷酸二氢钾。对骨骼已经发生变形的病例，虽然上述的治疗效果并不佳，但可以防止病情的进一步发展。需要提醒的是，补钙治疗时不可过量，以免导致其他矿物质吸收受阻，引发其他疾病。

五、预防

要定期测定分析饲料的营养成分，根据犊牛的生长阶段和体重的营养需求，合理配制饲料。生产中最节省人力、物力的方法是给犊牛增加舔砖，在有特殊营养物质缺乏地域可以特制舔砖，让犊牛自由舔舐。

第四节　犊牛关节疾病

一、病原

犊牛的关节炎大多数是继发的。致病因子多来源于感染的脐部、肠道、肺部等，病原微生物主要有大肠杆菌、链球菌、葡萄球菌、沙门氏菌、支原体、化脓性棒状杆菌（化脓隐秘杆菌）、丹毒丝菌等。引起犊牛免疫抑制和抵抗力下降的疾病或管理措施也可以继发关节炎，比如初乳摄入不足、长期饥饿、由牛病毒性腹泻病毒引起的持续腹泻、长途运输、气温突变等，发病的关节主要有腕关节、跗关节、膝关节和球关节。

二、病理变化

在骨端骨骺处存在静脉窦网状结构，血液流经此处时会延展灌注且流速缓慢。由原发感染病灶引起的菌血症使血液循环中带有大量病原微生物，这些病原微生物可以随血液渗透、黏附在骨骺处静脉窦网状结构组织上并增殖，引起滑膜炎症反应，使之通透性增强，导致白细胞、纤维蛋白、溶解酶等进入关节液和关节软骨，以及关节软骨变性。关节软骨上沉积的纤维蛋白会引起软骨营养不良和损伤等，表现为关节液增多、关节囊增厚、疼痛等。

犊牛患关节炎时最先出现的症状是跛行，不久即可看到关节明显肿大（图 7-1），触诊疼痛。犊牛关节炎呈现多关节发病，但很少出现对称性。病程 10 天以上时关节肿胀会很明显。

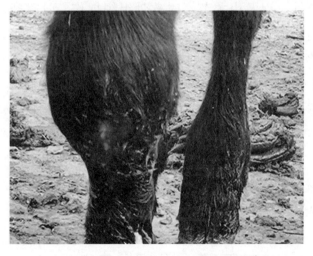

图 7-1　关节肿大（李付强　供图）

三、诊断

在诊断和治疗脐炎、腹泻、呼吸道疾病等犊牛感染性疾病时要注意观察关节情况，经常触诊各个关节，观察犊牛有无行为改变。对关节触诊疼痛、出现跛行的犊牛，可以行关节穿刺术，抽取关节液，进行性状观察和实验室涂片染色镜检，初步判断感染关节炎的病原类型，为进一步治疗提供依据。关节液浑浊、含有血液或絮状物或脓样，显微镜下有多量的中性粒细胞，即可判定为关节炎。引起关节炎的病原可能与原发病灶的感染有关，一般情况下病原不止1种。关节一旦被感染，损伤是必然的，病程10天可以通过B超仪检查渗出液的存在和物理特性，病程2周即可以通过X线摄影观察到骨组织损伤和骨膜炎。

四、治疗

构成关节的软骨和骨组织的致密性、关节囊滑膜的分泌性、关节囊的封闭性，以及患关节炎时软骨组织损伤、骨膜炎、微循环不良等，使得血液中的药物渗透到关节腔、扩散到关节液并达到有效抑菌的药物浓度比较慢，同时关节液中的有害物质吸收比较慢，骨组织修复也比较慢。因此，治疗时需要全身使用大剂量抗生素，且治疗时间要足够长，一般需要2~3周。禁止向关节内注射抗生素。

在治疗关节炎的同时要积极治疗原发病。在使用抗生素的同时建议进行支持疗法，如使用非甾体类止痛药、B族维生素、氨基葡萄糖、硫酸软骨素等。患病关节可以采用绷带固定，以营养骨关节，限制渗出，减少活动和疼痛，促进渗出物吸收。

第五节　疙瘩性皮肤病

一、病原

引起牛疙瘩性皮肤病的病原是痘病毒科、山羊痘病毒属的牛结节性皮肤病病毒，其理化性质与山羊痘病毒类似。

二、流行病学

犊牛更为敏感，临床症状也最为严重，潜伏期 7～14 天。夏季多发，与蚊蝇的活跃程度有关。牛的唾液、鼻液、血液、精液和皮肤结节内都有病毒存在，病牛恢复后可带毒 3 周以上。

病毒对环境有一定的抵抗力，在 pH 为 6.6～6.8 的环境里可长期存活，在干燥病变组织中可存活 1 个月，在组织培养液中可存活 4～6 个月，耐冻融，活力在－20℃下可保存数年，对氯仿和乙醚敏感。甲醛、漂白粉、氢氧化钠等消毒剂可将其杀灭。

三、病理变化

患病犊牛皮肤水肿，进而不吃，衰竭，快速消瘦。剖检病死牛时，去除结节的皮肤缺口内含有干酪样坏死组织，有的空洞深达肌肉层，口、鼻、咽、气管、支气管、包皮、阴道、瘤胃、皱胃等器官黏膜，以及肺脏、肾脏表面有类似皮肤的结节出现，皮下组织、黏膜下组织及其周边的结缔组织有浆液性或出血性渗出液，呈现红色或黄色。

皮肤出现深的溃疡灶会吸引蚊蝇叮咬，继发化脓菌感染，有的会生蛆。当蚊蝇叮咬结节处含有病毒的坏死组织时会机械性传播本病。

四、症状

发病犊牛体温升高可达 40℃以上，并呈稽留热，持续约 1 周。病初出现结膜炎、鼻炎、皮肤水肿，继而皮肤出现多量结节（疙瘩）（图7-2），结节硬、隆起、边沿整齐、界限明显；大小不一，直径2～3厘米；数量不等，少则1～2个，多则上百个；一般先出现在头、颈、胸、背部皮肤，严重病例在牙床和颊内面出现肉芽肿性病变。皮肤结节深达真皮，可能会完全坏死，痂脱落，皮肤出现深的溃疡。破溃或硬固的皮肤病会持续数月乃至数年。另外，病牛还表现呼吸困难、食欲下降、精神不佳、流涎、流涕。发病率2%～80%，病死率约1%，但犊牛病死率在10%以上。病后康复犊牛可获得较高滴度的中和抗体，并可持续数年。新生犊牛可经母乳获得母源抗体，并在体内持续存在6个月。

图7-2 皮肤出现多量结节

五、诊断

根据流行病学资料、临床症状和病理变化可做初步诊断。确诊需要实验室检测，包括病原学、血清学试验。

六、治疗

对发病牛，使用消炎膏剂或碘甘油涂抹结节及皮肤溃疡处，对继发感染的病牛要全身使用抗生素。

七、预防

（1）对发病场区，使用漂白粉或氢氧化钠消毒环境、食槽、水槽，隔离发病牛。

（2）杀灭蚊蝇。

（3）对受威胁区域的牛采取免疫措施。一般每头牛皮内注射羊痘疫苗5～10头份，注射部位为尾根下侧无毛区。中和抗体可保护6个月。

第六节　螨　　病

一、病原

螨病是由疥螨和痒螨寄生于皮肤表面或皮内而引起的一种慢性体外寄生虫性皮肤病。

二、流行病学

螨虫包括疥螨属、痒螨属和蠕形螨属的各种螨。各品种、各年龄段的牛均可感染，以犊牛最易感。

牛螨病多发于秋末、冬季和初春。这些季节牛舍日照不足，阴湿污秽，牛体表湿度较大，最适宜于螨的发育和繁殖。夏季受日光照射，皮肤较为干燥，大部分螨会死亡；但也有少数潜伏下来，到秋季随气候变化而又重新活跃，引起螨病复发。

痒螨对环境中不利因素的抵抗力超过疥螨，条件适宜时在圈舍内可存活2个月，在牧场可存活35天。蠕形螨生长在牛的毛囊和皮脂腺内，全部发育过程都在牛体上进行。蠕形螨能够在外界存活多

171

日，因此不仅可以通过直接感染，还可以通过媒介物间接感染犊牛。

三、症状

牛螨病的临床特征症状为感染牛剧痒、脱毛、皮炎，形成痂皮或脱屑，患部逐渐向周围扩散和具有高度传染性。

1. 疥螨 多发生于毛少而柔软的部位。牛主要发生在头部和颈部，严重感染时也可累及其他部位。感染部位皮肤发红、肥厚，继而出现丘疹、水疱，继发细菌感染时可形成脓疱。

2. 痒螨 多发生于毛密而长的部位。牛主要发生在角基底、尾根，可蔓延至肉垂和肩胛两侧，严重时波及全身。患部大片脱毛，皮肤形成水疱、脓疱，继而结痂、肥厚。

3. 蠕形螨 多发生于头、颈、肩、躯干部，患病部位会出现小如针尖至大如核桃的白色小囊瘤，常为黄豆大小。内含脓状稠液，并有各期蠕形螨。也有仅出现皮鳞屑而无疮疖的。蠕形螨有宿主特异性，通常不会在宿主之间传播。

牛螨病患牛，耳朵、颈部脱毛，形成结痂（图 7-3）。

图 7-3　患牛颈部脱毛、结痂

四、诊断

根据发病季节、流行特点、临床症状及局部皮肤病变即可做出初步诊断。确诊需从患牛的病变部位与健康部位交界处刮取皮屑（刮到出血为止），将刮取的皮屑置于载玻片上，滴加少许甘油，于显微镜下检查，发现虫体即可确诊。

五、治疗

治疗方法有全身给药、局部用药和药浴。

1. 全身给药　可选用伊维菌素注射液或阿维菌素注射液，每千克体重 0.2 毫克，皮下注射；也可选用伊维菌素片或阿维菌素片，每千克体重 0.2 毫克，口服，每周 1 次，连用 2～3 次。

2. 局部用药　适用于病牛数量少、患部面积小时。患部剪毛，用肥皂水或 2％来苏儿洗刷皮肤，去除痂皮后涂擦药物，或选用 3％敌百虫、双甲脒溶液（0.1％～0.2％水溶液）、溴氰菊酯溶液（0.005％～0.008％水溶液）等涂擦患部；也可用大枫子 250 克、蛇床子 200 克、百部 200 克，水煎后涂擦患部。

3. 药浴　常选用双甲脒、溴氰菊酯、辛硫磷、巴胺等，但要在兽医的指导下使用。用药后要防止牛舔食，以免中毒。建议药浴前，先做小群安全试验。

除杀虫治疗外，还应采取相应的对症治疗措施：

1. 止痒抗过敏　可选用糖皮质激素类药物（如地塞米松、醋酸氢化可的松等）或抗组胺药（马来酸氯苯那敏或盐酸苯海拉明），皮下注射或静脉注射。

2. 防止继发细菌感染　可选用青霉素类（如青霉素、氨苄西林）、头孢菌素类（如头孢噻呋）、氨基糖苷类（如庆大霉素、链霉素）、氟喹诺酮类（如恩诺沙星）等抗菌药物，注射给药。

注意：治疗本病的药物大多有毒，要谨慎使用。大部分药物对螨虫卵无杀灭作用，治疗时需要重复用药 2～3 次，每次间隔7～8 天，方能杀死新孵出的螨虫，以达到彻底治愈的目的。

六、预防

国内目前尚无预防螨病的疫苗，应采取以下针对性预防措施。

（1）圈舍要宽敞、干燥、透光、通风良好，并要经常清扫、定期消毒。

（2）随时注意观察牛群中有无瘙痒、掉毛现象，一旦发现，应及时挑出并进行检查隔离治疗。

（3）隔离治疗过程中，饲养管理人员要注意消毒，以免通过手、衣服和用具等传播病原。

（4）治愈的病牛应继续观察 20 天，如无复发并再次用药后方可合群。

第七节　毛球症

毛球症是指过多不易消化的毛发、植物纤维、球状物质、未消化的饲料黏结在一起形成的毛团状物质所致机体消化紊乱性疾病，临床上以犊牛消化机能障碍、日渐消瘦、精神沉郁及胃中有毛球为特征。

一、病因

（1）胎儿毛球　胎儿摄入羊水中浮游的脱落被毛引起的。

（2）出生后毛球　咽入自己或同群牛被毛引起的，但营养缺乏等易发该病。

毛球在瘤胃或网胃中伴随胃的运动，反复刺激，引起炎症，并导致消化障碍。

二、症状

患病犊牛食欲不振，被毛粗乱，腹泻，行走无力，呼吸困难，呕吐，排出条索状毛球。

三、诊断

根据病史、症状可做出诊断。

四、治疗

一旦确诊，除适当洗胃外，可实施瘤胃切开术去除毛球。

五、预防

定期进行皮肤消毒，防止因皮肤病发生而引起掉毛；保持牛舍通风、干燥、清洁；保证给犊牛提供全价饲料，供给足够的养分；做好日常管理工作，避免异食癖的发生。

第八节　运输应激综合征

长途运输时，由多种应激因素，比如合群、冷、热、站立不稳、拥挤、惊恐、缺水、饥饿、体力耗费、饲料改变、环境改变等，导致的犊牛心理压力增大、机体抵抗力下降，病原微生物趁虚而入，引起呼吸道、消化道乃至全身病理性反应的综合症候群，称之牛运输应激综合征。消化道症状的发生早于呼吸道症状，呼吸道症状一般出现在犊牛到达地方后的 10～20 天。目前生产中，运输应激综合征平均发病率约为 70.0%，死亡淘汰率（包括死亡和病重淘汰牛）约为 15.0%，经济损失惨重。

一、发病特点

（1）发病率与地域有关，调出地的卫生防疫条件越差、流行的疾病越多等，犊牛运输应激综合征的发病率就越高。尤其是从集贸市场收集的犊牛，还存在合群、惊恐压力。

（2）当接收地存在调出地没有的病原微生物时，发病率和死淘率都高。

（3）新建牛场的发病率高，小牛比大牛的发病率高，营养状况差的牛群发病率高，行程超过 1 天的牛群发病率高，过于拥挤的牛群发病率高，用双层车运输的犊牛比用单层车运输的犊牛发病率高，且双层车中上层犊牛的发病高于下层。

（4）并发其他烈性传染病（如口蹄疫）时更难以控制。

（5）启运前用药物干预可以减轻病情。

二、病原

引起犊牛运输应激综合征的呼吸道病原微生物有多种，一般都是混合感染，主导病原微生物可能每次都会不一样。由牛运输应激综合征的呼吸道病原微生物引发的疾病复杂，有时继发感染的细菌性疾病掩盖了病毒性疾病，或病毒感染诱发细菌感染。严重的细菌感染会使病情复杂化，多数病理变化提示细菌感染，容易忽略病毒、支原体感染等，特别是有些病毒在病理过程中存在的时间比短。

三、病理变化

气管和肺脏的病理变化是合并感染多个病原微生物共同作用的综合性变化，表现有肺充血、区域或整个肺叶实变、脓肿、脓包、气肿、坏死、间质水肿、胸膜炎、胸腔积液、胸腔纤维蛋白渗出，气管黏膜充血、分泌大量黏液等。

四、症状

呼吸道疾病的症状主要有体温升高、咳嗽、气喘、流清亮至脓性鼻液等。同时会出现消化道症状，如食欲差、腹泻、便血、胃肠黏膜水肿脱落、臌气等。

五、治疗

治疗参考"犊牛呼吸道疾病防治原则"，对患运输应激综合征的牛，除了进行抗菌消炎、对症治疗外，还有一个很重要的治疗原则就是恢复体力、增强抵抗力，可以供给口服补液盐、B族维生素、维生素C、电解多维、中药饮水（淡竹叶、黄芪、甘草）、特制饲料、生物制剂等。

六、预防

做好选牛、保健工作，尽量减少途中应激，到达目的地后及时舒缓压力、免打扰、合理饲喂，隔离观察有问题的牛，以减少发病，防止疾病扩散。

1. 选牛　选择合适的牛，一般选择体重大于 250 千克、营养状况良好、活泼、毛顺的牛。

2. 检疫　加强牛源地检疫，防止病原微生物传播，疫源地的牛限制外调。

3. 免疫和驱虫　对允许调运的牛进行驱虫，对多发、常发疾病进行计划免疫（如支原体疫苗等），减少机体损伤，提高抵抗疾病的能力。

4. 检查　在选牛和启运时要逐头对牛进行眼观检查，全面观察体温、大小便、饮食、反刍、精神、眼睛、鼻头等。淘汰病牛、弱牛、残牛、僵牛，有外寄生虫、流鼻液、流眼泪、腹泻、咳嗽的牛不允许启运。

5. 合群、换料　做好临时存放地的消毒工作，准备好优质的草料，最好使用当地草料，保证新进群牛的合理饮食，尽量减少不良刺激。进行牛的合群工作时，严禁暴力驱赶。

6. 药物预防　根据运输时间安排，按计划补充多维（B族维生素和维生素 C）、电解质、黄芪多糖、布他磷；根据经验和常发疾病情况，还可以使用一些中草药和抗生素，如参苓白术散、四逆散、长效土霉素、头孢菌素、泰乐菌素等，以减轻应激水平，提高牛群的抵抗力，减少疾病发生。

7. 运输车辆要求　车厢要严格消毒，设立隔断，安装顶棚或侧棚，车底要有垫料。司机要有经验，行车不能太快，运输途中要平稳。

8. 密度要求　以一半数量的牛能卧下为宜，不可过密，一般头均面积为 0.6 米² 比较适宜。拴系时绳索不可太短，以便牛能躺卧休息。

9. 途中护理　连续行车不超过 3 小时，途中注意休息，保证饮水，适量饲喂优质草料，水中添加电解多维。

10. 装、卸车要求　装牛和卸牛时，要用有护栏的专用装卸台；驱赶牛时要轻柔，禁止打牛，防止牛群惊恐和摔倒。

11. 接牛要求 接牛前，圈舍要严格消毒、整治，做到夏季防暑、冬季防风保温、通风良好、干燥、干净。牛卸车入圈后先休息2～3小时，适量饮水，水中可以添加电解多维、补液盐和糖等，以舒缓紧张、恢复体力、增加营养。之后可以添加优质干草，最后添料，要逐步加量。其间要观察牛群，发现异常要及时处理。隔离病牛，及时诊断，有效治疗，防止病原扩散，淘汰病重牛。

12. 接收后的饲养要求 分群要一次到位，过渡期需要优质青干草，精饲料要适当少加，以恢复瘤胃微生物菌群和胃肠功能。

附　　录

附录一　兽医实验室检测

　　牛养殖企业要重视牛病检测和预警，与科研院所结成合作同盟，实施牛病的快速诊断和准确治疗，减少因病伤亡造成的损失。实验室检测分为日常检测和紧急检测。日常检测是对生产企业日常普采的样本进行的程式化检测，目的在于了解牛场中有害微生物在牛体、呼吸道、粪便、尿、圈舍空气、环境等的存在、分布情况及免疫抗体水平，为日常生产提供参考数据，防患于未然；紧急检测是在牛场发生疫病时根据临床初步诊断进行有重点的、有针对性的和相关性的检测，为诊断提供准确依据。牛场应该对两者都重视，双管齐下，保障组织优质资源，减少损伤，提高效益。

　　实验室诊断对现在越来越多发的疾病、越来越多的混合感染、越来越多的耐药菌株的出现、越来越多的复杂病例显得很重要，目的在于分离、鉴定、检测病原微生物，试验敏感药物，研究精细化的治疗方案等，为企业提供准确数据，预警疾病的发生和由可能存在的病原微生物引发的疾病，提示企业在饲养管理层做好防范，及时、准确地治疗病牛，减轻病牛痛苦，减少经济损失和人力浪费。

一、样本采集

　　采样是动物疫病实验室检测的第一步。该部分将主要介绍有关样本采集、送检和保存的基本原则。出于多种目的，如疫病诊断、监测、治疗或免疫应答监控等，采集样本应适用于预定目的，以确定样本类型和数量，从而保证结果的准确性和有效性。送检的样本应在满足运输的条件下完好地送抵诊断实验室。样本采集须仔细谨慎，尤其是对活体动物采样时需小心操作，避免对动物造成不必要的应激或损伤，并避免对操作人员造成伤害。无论从活体还是死亡动物上采集生物学样本，都需时刻谨防人兽共患病的风险，并采取预防措施，以免人员感染。

　　牛场应由专门的人员进行样本采集，人员必须经过技术培训，一般由驻场兽医或技术人员担任，样本要符合检测要求。样本要用一次性、灭菌用具采集和盛装，如 PE 手套、乳胶手套、灭菌棉棒、灭菌离心管等。一个样本使用一套用具，独立包装，明确标记，严格密封，还要做好记录，标明本次检测的目的和要求，属于日常检测还是紧急检测。紧急检测要记录患病的详细情况，如患病犊牛的数量和月龄、发病时间、病程、症状等，要与兽医或实验室检测人员沟通，了解所要采集的样本种类和数量。采集时尽量做到无污染。腹泻样本应采集犊牛粪便而不是用棉拭子采样，至少 10 克或 10 毫升；血液样本应分清抗凝血和勿抗凝血，至少 5 毫升；皮肤、环境和呼吸道样本至少采集 3 根棉棒，皮肤样本有痂皮时要采集痂皮及痂皮下组织；剖检样本应根据发病情况采集肝脏、脾脏、肾脏、心脏、肺脏、肠淋巴结、肠内容物等，要无菌采集，每个样本独立包装，用冰块包裹。所有样本要严格密封，不能有丝毫泄露，并于 24 小时带回实验室。

（一）活体采样

1. 血液　血液样本可用于血液学分析，也可用于培养和/或直接检查细菌、病毒或原虫。犊牛通常经颈静脉穿刺采集血样，应尽可能做到无菌。采血时用 70% 的酒精棉球将穿刺部位消毒，干燥后穿刺采血。

如使用抗凝剂，采集血液样本后应立即轻轻振荡以充分混合。用于 PCR 检测的血液样本最好以 EDTA 为抗凝剂。如果制作血清样本，血液应在室温下（温度不宜过高或过低）静置凝固 1～2 小时，直到血凝块开始收缩。用灭菌棒贴壁转圈将血凝块分离。血样置 4℃ 冰箱内数小时或过夜，1 000 r/min 离心 10～15 分钟，倾出或用移液管吸出血清。

2. 粪便　粪便采集有两种方法。一种是通过直肠刺激采样。采样前先将肛周进行消毒，采样人员戴一次性手套深入直肠进行刺激，以促使犊牛排便。另一种是收集地面上的新鲜粪便，注意收集粪便的中间部分，避免被环境污染（应选取不少于 10 克的新鲜粪便）。做寄生虫检查的粪便应装入容器中，24 小时内送达检测实验室。如果运输时间超过 24 小时，则应放在冰上或冷藏，以防寄生虫虫卵孵化。运送粪便样本时建议使用带螺帽的容器或灭菌塑料袋，不应使用带橡皮塞的试管，否则产生的气体可能会冲开塞子，从而导致样本损毁，并污染包装中的其他样本。最好在 4℃ 下保存和运输粪便样本。

3. 皮肤　对于患有皮肤疾病的犊牛，可以拔取毛发样本用于检查体表螨虫、真菌感染等。也可用手术刀片刮取深层皮屑来检查疥螨。对于水疱性或丘疹性病变的，应尽可能无菌采集感染的上皮组织，装入 5 毫升磷酸缓冲液或病毒运送培养基中运输。另外，也可用灭菌注射器吸取未破裂的水疱液，置入单独的灭菌管中。

4. 眼睛　掰开眼睑，用拭子轻擦眼结膜表面采集眼结膜样本，将拭子置入运送培养基中。采集到的样本也可涂于载玻片上，于显微镜下检查。

5. 鼻液　使用棉拭子擦拭鼻周分泌物，置入运送培养基中，4℃ 下立即送往实验室。

（二）尸体采样

采集的组织可供微生物培养、寄生虫学、生物化学、组织病理学和或免疫组织化学研究及蛋白或核酸检测。此外，也可采集口腔、咽喉及直肠拭子。采样人员应具有丰富的尸检技术和病理学知识，以便选择最适合的器官和最有价值的病灶样本。

基于样本种类和检验要求，组织样本可以干燥形式或置于相应的运输培养基中送往实验室，拭子样本应置于运输培养基中运送。供微生物学检查的样本在采集后直至运送前都需冷藏，如无法在48小时内运送则需冷冻，但长时间于−20℃冻存不利于病毒分离。供组织病理学检查的组织块厚度不能超过0.5厘米，长度应为1～2厘米，置于至少10倍于样本体积的4％～10％福尔马林中性缓冲溶液中。福尔马林固定组织应与新鲜组织、血液和涂片分开保存和包装，不得冷冻。组织固定后可弃去固定液，在送往实验室的过程中，始终保持湿润，并加以妥善保护。

（三）环境与饲料采样

环境和饲料采样可用于卫生监督或疫病调查。环境样本通常采集自垫料、垃圾、排泄的粪便或尿液等，可用拭子在通风管道、饲料槽和下水采样，也可在食槽或散装饲料容器中采集。水样可从饲槽、饮水器、水箱、天然水源及人工水源中采集。

二、样本信息

送样前，最好联系样本接收实验室，确定是否需填写样本送检单或是否需要其他信息。应将有关信息和病史资料装在塑料袋中，随样本一起送到实验室，以下为建议注明的内容。

（1）疫病发生地点及场主姓名、地址、电话。

（2）送样人姓名、通信地址、电子邮件、电话。

（3）疑似疫病名称及所需检测试验。

（4）采样及送检日期。

（5）送检样本及所用运输培养基清单。

（6）完整的病史资料有助于实验室诊断，如有可能应包括在附带信息内，病史资料可包括：①受检犊牛清单和说明及尸检结果；②患病犊牛在牛场的时间，如为新引进犊牛则应注明其来源地；③首发病例和继发病例的日期或造成的损失；④牛群中感染传播的情况；⑤死亡犊牛数量、出现临诊症状的数量、年龄、性别和品种等；⑥临诊症状及持续时间，包括患病犊牛的体温、呼吸、口腔、眼睛、蹄部及体表等；⑦犊牛用药情况及用药时间；⑧犊牛免疫情况及免疫时间；⑨饲养类型和标准，包括可能与有毒物质或有毒植物接触等；⑩有关疫病的其他情况及饲养管理、其他疫病等相关信息。

三、实验室检测

实验室检测主要涉及临床病理学、微生物学和寄生虫学的内容。

（一）临床病理学

血液学检测是兽医工作人员应掌握的一项重要技能，主要包括血液生化、血液细胞分析、抗体及抗体效价检测等，可为兽医工作人员提供准确可靠的临床实验室检测结果。完整的血液学检测有助于对疾病状态进行评估和筛选，血细胞计数大部分用自动分析仪进行检测。

对血液中各种化学成分的测定有助于准确诊断，采取适宜的治疗及判断疗效，提高兽医医疗水平。临床上所测定的化学成分一般与特定器官的功能有关，这些化学成分可能是与特定器官功能相关的酶或特定器官的代谢产物或代谢副产物。检测这些化学成分通常需要小心地采集血清样本，某些病例可能需要采集血浆样本。肝胆系统检测指标通常为丙氨酸氨基转移酶、天门冬氨酸氨基转移酶、胆红素和碱性磷酸酶。肾功能检测指标通常为尿素氮和肌酐。电解质检测指标包括钠离子、钾离子和氯离子等。

（二）微生物学

微生物学检测的主要目的是鉴定致病性病原。细菌、真菌和病毒都是微生物，兽医临床实验室中，一般采用免疫学方法鉴定病毒，利用各种常规微生物学试验手段检测细菌和真菌。

细菌是非常小的原核单细胞微生物，大小为 0.2～2.0 微米，实验室常见的细菌宽 0.5～1.0 微米、长 2.0～5.0 微米。不同细菌对营养需求和温度需求均不同，几乎所有对牛有致病性的细菌的最适生长温度都在 20～40℃，称为嗜常温菌。样本的细菌检测包括样本涂片镜检、培养、分离、鉴定（生化试验、PCR 检测、16S 鉴定等）、药敏试验等。

真菌是异养微生物，营寄生或腐生生活，除酵母菌外大部分是多细胞微生物。真菌是带有细胞壁的真核细胞，细胞壁有壳多糖构成。兽医临床上大部分有重要意义的真菌都是皮肤性的霉菌微生物——皮肤真菌。这些微生物通常被叫做癣菌，因为它们在感染动物的皮肤上形成特征性的环形病变（金钱癣）。真菌样本的检测与细菌的基本相同。

病毒学检测技术包括组织病理学和血清学检验、电镜技术，以及病毒的分离与鉴定等。随着检测技术的发展，核酸检测技术如普通 PCR 检测、定量 PCR 检测、病毒基因测序等逐渐用于临床。

（三）寄生虫学

犊牛内寄生虫的诊断是兽医临床使用最为频繁的诊断方法之一。诊断须准确、高效，才能在第一时间采取合适的治疗措施。寄生虫可感染犊牛的口腔、食管、胃、小肠、大肠及其他内脏器官。对这些寄生虫，可进行粪便采集和显微镜检查（附图1）。通常在粪便中找到寄生虫生活周期某个阶段的虫体便可确诊，这些阶段包括虫卵、卵囊、幼虫、节片（绦虫）和成虫。用于常规检测的粪便样本越新鲜越好，在几个小时内不能进行检验的样本应该放在冰箱内或加入等体积的 10% 的福尔马林溶液。粪便样本需要新鲜是由于卵、卵囊和生活周期的其他阶段随时可能生长发育而发生改变，使诊断变得十分困难。犊牛粪便样本可以直接从直肠采集，采集直肠粪样时戴手套，并将粪便留在手套中，将手套的内面外翻、系紧，做好标记。

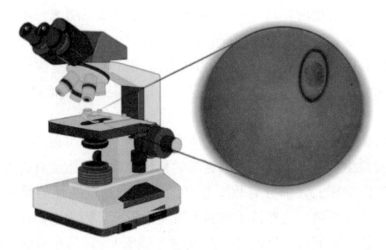

附图1 显微镜下牛球虫虫卵

附录二 犊牛布鲁氏菌病净化程序

布鲁氏菌病属人兽共患病，对人和动物致病的布鲁氏菌有6种，易感动物范围广泛，包括猪、水牛、野牛、牦牛、羚羊、鹿、骆驼、马、犬、狐狸、狼、野兔、猴、鸡、鸭、啮齿类动物和海洋哺乳动物。各种动物对布鲁氏菌的易感性不同，也可发生交叉感染。自然界病例主要是羊、牛、猪，感染的布鲁氏菌主要有马耳他布鲁氏菌（羊）、流产布鲁氏菌（牛）、猪布鲁氏菌（猪）。四季均可发生。主要经消化道感染，也可经皮肤黏膜和呼吸道感染，甚至可通过吸血昆虫传播。病牛及带菌牛是布鲁氏菌病的主要传染源，被污染的饲草、饲料、畜产品、乳汁、水等均可成为传染源。受感染的妊娠母牛是最危险的传染源，流产或分娩时可随胎儿、胎衣、羊水和阴道分泌物排出大量布鲁氏菌。布鲁氏菌对外界环境的抵抗力较强，在土壤中可存活 20～120 天，在粪、尿中可存活 45 天，在水中可存活 70～100 天，在乳、肉中可存活 60 天，在动物皮毛上可存活 150 天，在干尸化胎儿体内可存活 180 天，能给环境造成很大的压力。河南省属于布鲁氏菌病防治的一类地区，采取以免疫接种为主的防控策略。生产中应该重视布鲁氏菌的诊断、检测、免疫、净化，目的是检疫、净化牛场，生产优质安全的牛肉产品。

一、人工授精

进行人工授精时要加强人员培训，严格操作流程，输精枪做到一枪一消毒，每支输精枪都带枪套，严格收集垃圾，杜绝人为传播风险。输精人员要做好自我防护，穿防护围裙和胶鞋，戴长臂手套、口罩，输精结束后要严格消毒手臂。所穿防护围裙和胶鞋要严格消毒。口罩一次工作使用一只，消毒剂需要两种交替使用，严格按说明书使用，注意消毒剂的浓度和消毒次数要求。

二、污染牛群处置

（一）检疫

污染牛群要进行布鲁氏菌病筛查，每头必检，采取 2 次检查法，2 次检疫相隔 1 个月。检疫采取虎红平板凝集试验（附图 2）和试管凝集试验（附图 3），也可以选用胶体金法，使用方法按说明书进行。

（二）检疫结果处理

（1）每次检测结束后，淘汰病牛和阳性空怀牛。两次检测均为阴性的牛留用，全群进行疫苗免疫，免疫方法必须按说明书进行。

（2）检测结果阳性的妊娠母牛也建议淘汰，有意保留的应选择独立区域，专人饲养，每天观察有无流产发生，流产即淘汰，流产物（胎衣、胎水、胎儿等）应进行无害处理。所生犊牛出生

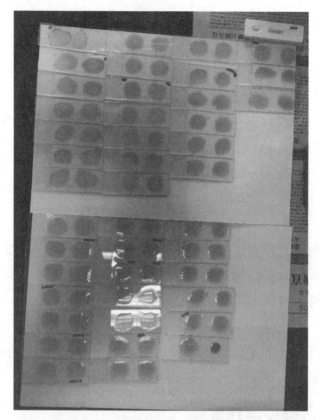

附图 2　虎红平板凝集试验结果观察

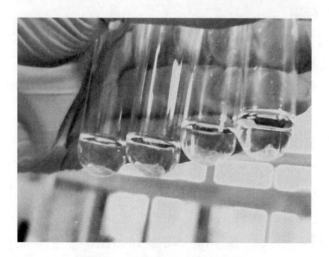

附图 3　试管凝集试验结果观察

后立即与母牛隔离，独立饲养。3～4月龄犊牛要筛查布鲁氏菌病，阳性犊牛淘汰；阴性犊牛1个月后再检测，阳性犊牛淘汰，阴性犊牛留用，全群进行疫苗接种。之后，后代都要检疫、淘汰、净化。

（三）免疫

（1）母犊牛2次检疫均为阴性者使用布鲁氏菌A19苗免疫，5～6月龄皮下注射1次，配种前注射1次，免疫期6年，剂量、方法严格按说明书要求进行。免疫后30～50天随机抽检10%～30%的免疫牛，血液抗体阳性率在80%以上为免疫成功，低于50%为免疫失败。

（2）检疫呈阴性的妊娠母牛可以采取布鲁氏菌S2苗饮水免疫。剂量、方法严格按说明书要求进行。饮用疫苗的前后3天不能饲喂青贮饲料等发酵饲料。1年免疫1次。检疫呈阴性的妊娠母牛也可以采取布鲁氏菌A19苗免疫，但需要减量。使用1/100标准剂量免疫妊娠母牛，没有导致流产等副作用，同时获得良好的免疫保护效果。

（3）在使用疫苗时要注意人员防护，严格按疫苗说明书要求进行。

另外，已检测、已用疫苗免疫牛群与污染牛群严格分离饲养。

三、牛群监控

1. 无差别监控　对头胎产后牛群进行无差别监控，随机抽检10%～30%的牛，如果发现血液抗体阳性牛，即要对全群检测。3～6次/年，淘汰阳性牛。

2. 特定牛群监控　对当年有流产史的牛进行重点检测，抽查50%以上。如果发现血液抗体阳性牛，即要对全群检测。3～6次/年，淘汰阳性牛。

3. 牛群净化　严格执行免疫计划，牛群血液抗体阳性率≥1%

时，即要对全群检测。每年检测 3～4 次，淘汰阳性牛，直至 3 年无阳性牛出现，确定为完成净化，之后的工作转为牛群监控。

四、环境消毒管理

（1）生产区要设立消毒通道，安装喷雾消毒设施，地面设消毒水膜或石灰干粉池，外来人员必须通过专用消毒通道进入生产区。

（2）消毒剂，如 3％石炭酸、3％来苏儿、2％氢氧化钠溶液 1 小时可杀灭布鲁氏菌，5％的新鲜石灰水 2 小时可杀灭布鲁氏菌，0.5％洗必泰、0.1％新洁尔灭 5 分钟可杀灭布鲁氏菌，60℃ 30 分钟、70℃ 5 分钟可杀灭布鲁氏菌，煮沸即可杀灭布鲁氏菌。

如果清场处理圈舍，则先清除牛粪，然后使用 2％氢氧化钠溶液或 5％新鲜石灰水喷洒食槽和地面（包括活动场地和通道等所有地面），2 小时后用清水冲洗；金属护栏使用火焰喷灭消毒，1 周 1 次，持续 2 个月，空圈 6 个月。

如果带牛消毒，则先清除牛粪，然后使用 0.1％新洁尔灭喷洒地面、食槽、护栏。每天 1 次，持续 1 周；之后 1 周 1 次，持续 2 个月。

消毒剂浓度和次数要有保证，严格按药品说明书进行，需有专人管理。

牛粪需要堆积发酵，作无害化处理。

（3）禁止饲养人员串岗，禁止用具交错使用，进入饲养区域必须穿专用胶鞋。

（4）坚持每天清除粪污，消毒圈舍。牛粪必须进行无害化处理，堆积发酵 2 个月。母牛流产物要严格收集，并做无害化处理，深埋时污物上下都要垫 50 厘米的石灰。

（5）消除犬、猫等动物，切断传染途径。

（6）外来车辆非必须不得进入生产区，必须进入生产区时要经过消毒池消毒车轮。

五、净化（健康牛群的培养）

（1）坚持自繁自养，杜绝从外场进牛。

（2）坚持检疫、淘汰、免疫流程。所有犊牛出生后立即进入周转区，用巴氏奶人工饲养，3月龄前经过3次检测，均为阴性者免疫后进入净化区。

（3）严格执行免疫计划，牛群血液抗体阳性率≥1％时，即要对全群检测。3～4次/年检测，淘汰阳性牛，直至3年无阳性牛出现，确定为完成净化，之后的工作转为牛群监控。

（4）健康牛饲养区与未检疫区或待检疫区严格分离，人员不得来往，用具不得交叉使用，污道净道不得交叉。

（5）健康的养牛场必须有严格的门卫管理制度、兽医管理制度、配种管理制度、产房管理制度、饲料管理制度、犊牛饲养管理制度等，要有专人督查执行。

（6）严格遵守门卫制度、兽医卫生管理制定、人工授精配种制度等管理制度。

（7）严格遵守产房管理制度。

附录三　K-B纸片扩散法药敏试验的
标准操作程序（SOP）

细菌的耐药性和抗生素的合理使用是全球广泛关注的问题，其中细菌对抗生素敏感试验（以下简称"药敏试验"）在延缓和控制细菌耐药性、合理使用抗生素方面发挥着重要作用，它能对抗生素临床治疗的效果进行预测、监测耐药量、减少治疗错误。目前药敏试验的方法主要有：Kirby-Bauer法（以下简称"K-B纸片扩散法"）、稀释法、E test法，以及运用全自动微生物分析仪（Vitek、Microscan、Sensititre ARIS、ATB等）进行药敏测试。

其中，由 Kirby 和 Bauer 所建立的纸片琼脂扩散法，即 K-B 纸片扩散法是各国临床微生物学实验室广泛采用的药敏试验方法。

1993 年美国临床实验室标准化委员会（NCCLS）法规指出，K-B 纸片扩散法适用于快速生长的细菌，包括肠杆菌科、葡萄球菌科、假单胞菌属、不动杆菌属，产单核细胞李斯特菌及某些链球菌、流感嗜血杆菌、肺炎球菌等稍加修改也同样适用，但对苛养菌、厌氧菌、真菌、分枝杆菌等应遵照 NCCLS 的其他文件规定进行药敏试验。我国于 1995 年开始采用 NCCLS 中 1993 年和 1994 年关于药敏纸片法文件中的试验方法，实现了国内耐药监测方法的标准化。

一、试验目的

保证纸片扩散法药敏结果的可靠性。

二、试验材料

（一）培养基

1. Mueller-Hinton 琼脂平板　只适合肠杆菌科、铜绿假单胞菌、不动杆菌、葡萄球菌、肠球菌、霍乱弧菌。

2. HTM 琼脂　只适合嗜血杆菌。

3. GC 琼脂＋1%特定的生长因子　只适合淋病奈瑟菌。

4. Mueller-Hinton 琼脂＋5%羊血　只适合链球菌。

（二）药敏纸片

抗菌药敏纸片直径为 6.0～6.35 毫米，厚度约 1 毫米，每片的吸水量约 20 微升。

三、试验方法与结果

1. 制备接种菌液　将琼脂平板上形态相同的菌落移种于 M-H 液体培养基中，置 35℃ 温箱孵育 4 小时，校正浊度；或用接接种环挑取菌落，置浮于生理盐水中振荡混匀后与标准化浊管比浊，调整浊度与比浊管相同。

2. 接种平板 用无菌棉签蘸取已制备好的接种菌液，在管壁上旋转挤压，去掉过多的菌液，涂布整个 M-H 培养基表面，并保证涂布均匀。

3. 贴纸片 待平板上的水分被琼脂完全吸收后（约 15 分钟），用无菌镊子取纸片贴在琼脂平板表面，并用镊尖轻压一下，使其贴平。每张纸片间距不少于 24 毫米，纸片中心距平皿边缘不少于 15 毫米。

4. 孵育 把贴好药敏纸片的平皿放进 35℃ 温箱中培养，最好单独摆放，不超过 2 个叠在一起，孵育 18～24 小时后读取结果。

5. 判定结果 培养后取出平板，用游标卡尺测量抑菌环的直径，抑菌环的边缘以肉眼见不到细菌明显生长为限，然后根据抑菌环直径大小、NCCLS 判断细菌的敏感性，并加以记录。

附录四 与药物敏感试验、免疫接种、驱虫程序等有关的表格

分别见附表 1 至附表 4。

附表 1 药物敏感试验判定标准

抑菌圈直径	敏感度
20 毫米以上	极敏感
15～20 毫米	高敏感
10～14 毫米	中敏感
10 毫米以下	低敏感
0 毫米	不敏感

具体对于不同的菌株，以及不同的抗生素纸片需参照 NCCLS 标准或者 CLSI 标准。

附表 2 免疫接种和驱虫程序

疫病种类或疫苗	免疫次数	免疫月龄	疫苗、驱虫药种类	剂量	免疫方法	免疫频次	备注
口蹄疫	首免	3 月龄	口蹄疫 A 型、O 型二价灭活疫苗	2 毫升/头	肌内注射	1 次/月	
	加强免疫	4 月龄	口蹄疫 A 型、O 型二价灭活疫苗	2 毫升/头	肌内注射	1 次/月	
	常规免疫	随大群免疫，3 次/年	口蹄疫 A 型、O 型二价灭活疫苗	2 毫升/头	肌内注射	3 次/年	
布鲁氏菌病	首免	4～6 月龄	布氏菌病活疫苗（A19 株）	600 亿 CFU/头	皮下注射	0.5 次/月	也可根据牧场大小，每月或每 3 个月注射 1 次
	强免	10～12 月龄	布氏菌病活疫苗（A19 株）	60 亿 CFU/头	皮下注射	0.5 次/月	
牛病毒性腹泻/黏膜病	首免	3 月龄	牛病毒性腹泻/黏膜病灭活疫苗	2 毫升/头	肌内注射	2 次/月	可和口蹄疫同时免疫
	强免	4 月龄	牛病毒性腹泻/黏膜病灭活疫苗	2 毫升/头	肌内注射	2 次/年	可和口蹄疫同时免疫
梭菌病多联灭活苗		1 月龄	梭菌病多联灭活苗				根据牛群发病情况制定针对性的免疫方案
焦虫病	首免	3 月龄以上	牛焦虫病疫苗	1 毫升	肌内注射	1 次/年	
山羊痘	首免	3 月龄以上	山羊痘活疫苗	0.2 毫升	皮内注射	1 次/年	可和布鲁氏菌病同时免疫
驱虫	未妊娠母牛	4 月龄以上	阿苯达唑	每千克体重 5～10 毫克	口服	2 次/年	—
	妊娠母牛	3 月龄以上	阿苯达唑、伊维菌素	<1.5 倍剂量	口服	2 次/年	—
	治疗	有临床表现病牛	阿苯达唑；驱牛蛔虫、胃肠线虫、肺线虫	每千克体重 5～10 毫克	口服	2 次/年	—

注：对免疫后抗体水平、消毒效果等进行检测评估；对病牛、死亡牛随时进行临床诊断或采样后进行实验室监测，对问题牛进行疫病监测监控评估，及时应对采取措施。CFU，colony forming unit，菌落形成单位。

附表 3　母牛产犊记录表

畜主姓名（场、站名）：_____所在地：_____畜主编号（场编号）：_____记录员：_____

母牛号	母牛品种	产犊日期	胎次	犊牛编号	犊牛性别	犊牛出生重	犊牛毛色	产犊难易度				备注（是否双胎等）
								顺产	助产	引产	剖宫产	

附表 4　疾病情况记录表

畜主姓名（场、站名）：_____所在地：_____畜主编号（场编号）：_____

牛号	品种	年龄	性别	发病日期	病因	用药名称	药品生产企业	用药日期	处理结果	技术员

参 考 文 献

陈传强，2014. 犊牛的生理特点与饲养管理［J］. 养殖技术顾问（5）：30.

陈杖榴，曾振灵，2017. 兽医药理学［M］. 4 版. 北京：中国农业出版社.

刁其玉，2019. 犊牛营养生理与高效健康培育［M］. 北京：中国农业出版社.

董晓丽，2013. 益生菌的筛选鉴定及其对断奶仔猪、犊牛生长和消化道微生物的影响
　　［D］. 北京：中国农业科学院.

符运勤，2012. 地衣芽孢杆菌及其复合菌对后备牛生长性能和瘤胃内环境的影响
　　［D］. 北京：中国农业科学院.

王银龙，贺志锐，刘强，等，2014，亚临床酮病奶牛血液生化指标的测定［J］. 动物
　　医学进展，35（3）：128-131.

徐照学，兰亚莉，2005. 肉牛饲养实用技术手册［M］. 上海：上海科学技术出版社.

徐照学，兰亚莉，2009. 奶牛饲养与疾病防治手册［M］. 北京：中国农业出版社.

云强，刁其玉，屠焰，等，2010，开食料中蛋白质水平对荷斯坦犊牛瘤胃发育的影响
　　［J］. 动物营养学报，20（3）：14-20.

郑中华，马红霞，刘海云，2019. 高产奶牛繁殖性能低的原因分析［J］. 中国饲料
　　（12）：14-18.

中国兽药典委员会，2016. 中华人民共和国兽药典（2015 年版）［M］. 北京：中国农
　　业出版社.

朱小瑞，邢世宇，张成龙，等，2015，中国荷斯坦奶牛体况评分对繁殖性能的影响
　　［J］. 家畜生态学报，36（8）：45-49.

Doneld O. Plumb，2009. Plumb's 兽药手册［M］. 五版. 沈建忠，冯忠武译. 北京：
　　中国农业大学出版社.